新能源

绿色新能源科普知识馆

QIANLI WUQIONG DE

SHENGWU ZHINENG

生物质能 作为一种清洁能源、
具有可再生和环境友好的双重属性

汪 洋◎编

潜力无穷的 生物质能

发展生物质能，既利于能源多元化，
缓解能源紧张，又能保护生态环境，减少温室气体。
本书对生物质能进行全面的介绍，
为你展现一个威力无穷的能源世界！

甘肃科学技术出版社

图书在版编目（CIP）数据

潜力无穷的生物质能 / 汪洋编 . — 兰州 : 甘肃科
学技术出版社 , 2014.3
　　（绿色新能源科普知识馆）
ISBN 978-7-5424-1935-4

Ⅰ . ①潜… Ⅱ . ①汪… Ⅲ . ①生物能源 – 普及读物
Ⅳ . ① TK6–49

中国版本图书馆 CIP 数据核字 (2014) 第 044215 号

出 版 人　吉西平
责任编辑　陈学祥（0931-8773274）
封面设计　晴晨工作室
出版发行　甘肃科学技术出版社（兰州市读者大道 568 号　0931-8773237）
印　　刷　北京威远印刷有限公司
开　　本　700mm×1000mm　1/16
印　　张　10
字　　数　153 千
版　　次　2014 年 9 月第 1 版　2014 年 9 月第 1 次印刷
印　　数　1～3000
书　　号　ISBN 978-7-5424-1935-4
定　　价　29.80 元

前 言 PREFACE

　　我们生活的这个精彩纷呈的地球，能源时刻都在伴随着人类的活动而存在。人类的生存离不开能源，我们每天吃饭，是为了补充体能；天冷了，要穿上保暖的衣服，是为了保存体温，不让能量外泄；我们看电视、上网、使用手机，都需要电；汽车在路上前行，需要汽油。

　　自工业革命以来，能源问题就开始出现。在全球经济高速发展的今天，国际能源来源已上升到了国家战略的高度，各国都纷纷制定了以能源供应为核心的能源政策。在此后的 20 多年里，在稳定能源供应的要求下，人类在享受能源带来的经济发展、科技进步等好处，但也遇到一系列无法避免的能源安全挑战。能源短缺、资源争夺以及过度使用能源造成的环境污染等问题威胁着人类的生存与发展。

　　当前，能源的发展、能源和环境，已成为全世界、全人类共同关心的话题，这也是中国社会经济发展的障碍。但是，当前的状况是世界大部分国家能源供应不足，不能满足经济发展的需要。这一系列问题都使绿色能源和可再生能源在全球范围内受到关注。从目前世界各国既定能源战略来看，大规模的开发利用绿色能源和可再生能源已成为未来世界各国能源战略的重要组成部分。

　　我们生活在同一个地球上，开发和利用新能源，缓解能源、环境、生态问题已迫在眉睫，新能源、绿色能源如太阳能、地热能、风能、海洋能、生物质能和核聚变能等，越来越得到世人的重视。不论是从经济社会走可持续发展之路和保护人类赖以生存的地球的生态环境的高度来审视，还是从为世界上十几亿无电人口和特殊用途解决现实的能源供应出发，开发利用新能源和可再生能源都具有重大战略意义。可以这么说，新能源和可再生能源是人类社会未来能源的基石，是大量燃用的化石能源的替代能源。

实践证明，新能源和可再生能源清洁干净，只有很少的污染物排放，人类赖以生存的地球的生态环境相协调的清洁能源。

由于现阶段广大青少年对绿色新能源认识比较单一，甚至相当匮乏，多数人处于一知半解的水平，这严重影响了新能源的推广认识和绿色低碳生活的实现，基于熟知绿色新能源知识和提高低碳意识已成为广大读者的迫切需要，我们编写了本书。

本书重点讲述了新能源知识和新能源推广应用，知识版块设置合理，方便阅读、理解与记忆。

本书集知识性、趣味性、可读性于一体，是一本难得的能源环保书籍，希望本书能为你带来绿色能源环保知识，让你在新能源推广应用之路上，为我们能够拥有一个美好的明天一起加油。

目 录 CONTENTS

第一章 生物质及生物质能

第一节 丰富的生物质资源 …………………………………… 002

一、认识生物质资源 ………………………… 002

二、神奇的光合作用 ………………………… 005

三、身边常见的生物质资源 ………………… 007

四、生物质资源的特点 ……………………… 010

五、生物质资源的发展展望 ………………… 011

第二节 方便环保的生物质能 …………………………… 013

一、认识生物质能 …………………………… 013

二、生物质能的优点 ………………………… 015

三、生物质能转化利用技术 ………………… 016

四、生物质能利用现状 ……………………… 021

五、生物质能利用的前景 …………………… 027

第二章 生物质直接燃烧

第一节 认识生物质燃烧 …………………………………… 030

一、生物质的化学组成 ……………………… 030

二、生物质物理特性 ················· 032

三、生物质燃烧及特点 ················· 034

四、生物质燃烧的过程 ················· 035

第二节 不同种类的生物质燃烧 ················· 037

一、生物质直接燃烧 ················· 037

二、生物质混合燃烧 ················· 038

三、生物质气化燃烧 ················· 040

四、生物质层燃 ················· 041

五、生物质流化床燃烧 ················· 042

六、生物质燃烧技术未来发展 ················· 042

第三章 生物质气化

第一节 生物质气化技术 ················· 046

一、什么是生物质气化 ················· 046

二、不同种类的生物质气化 ················· 048

三、生物质气化影响因素 ················· 051

四、生物质材料气化特点 ················· 053

第二节 生物质气化装置 ················· 054

一、固定床气化炉 ················· 054

二、流化床气化装置 ················· 056

第三节 生物质气化的综合利用 ················· 059

一、生物质气化供热 ················· 059

二、生物质气化发电 ················· 060

三、生物质气化集中供气 ················· 061

第四章　生物质热解

第一节　认识生物质热解 ……………………………… 064

　一、生物质热裂解 ……………………………… 064

　二、生物质热裂解过程 ……………………………… 065

　三、生物质热解反应器 ……………………………… 067

　四、快速热解反应器举例 ……………………………… 068

　五、影响热裂解的因素 ……………………………… 070

　六、生物质热解的发展 ……………………………… 073

第二节　生物质热解产物 ……………………………… 076

　一、生物质热解的产物 ……………………………… 076

　二、生物油组成及特性 ……………………………… 077

　三、其他产物的应用 ……………………………… 082

第五章　节能环保的乙醇

第一节　生物燃料乙醇 ……………………………… 084

　一、认识燃料乙醇 ……………………………… 084

　二、燃料乙醇的生产原料 ……………………………… 085

　三、农产品生产乙醇 ……………………………… 086

　四、纤维素生产乙醇 ……………………………… 090

第二节　燃料乙醇的发展状况 ……………………………… 095

　一、发展特点 ……………………………… 095

　二、世界各国的发展现状 ……………………………… 096

　三、我国的发展现状 ……………………………… 097

第六章 "绿色柴油"——甲酯

第一节 认识生物柴油 ················· 102

一、现实状况催生生物柴油 ············ 102

二、生物柴油的特性 ··············· 106

三、生物柴油的生产原理 ············· 106

四、生物柴油的原料来源 ············· 107

第二节 生物柴油生产 ··············· 112

一、生物柴油生产方法的发展 ··········· 112

二、生物柴油生产技术 ·············· 113

三、按原料区分生物柴油生产技术 ········· 117

四、影响转酯反应的主要因素 ··········· 119

五、各国研究应用现状 ·············· 121

第七章 生物质能其他利用

第一节 生物质液化 ··············· 128

一、生物质直接液化 ··············· 128

二、生物质直接液化工艺 ············· 129

三、生物质直接液化产物及应用 ·········· 130

四、生物质与煤共液化 ·············· 130

五、生物质直接液化研究现状 ··········· 131

第二节 生物质固化 ··············· 133

一、生物质压缩成型 ··············· 133

二、生物质压缩成型的原理 ············ 135

三、生物质压缩成型工艺流程 …………… 136

四、生物质成型设备 ………………………… 140

第三节　生物质型煤 ……………………… 142

一、什么是生物质型煤 …………………… 142

二、生物质型煤的生产 …………………… 144

三、生物质型煤的特点 …………………… 145

第一章
Chapter 1

生物质及生物质能

　　地球上能量的来源，一部分是地球形成之初集聚的核能与地热能，但是占能源多数的，与我们关系最为密切的，是地球形成后持续来自太阳的辐射。地球形成之初，绿色植物尚未出现，太阳的辐射能全部散失于大气，自从绿色植物诞生后，它们利用日光能将吸收的二氧化碳和水合成为有机物和碳水化合物，将光能转化为化学能并储存下来。碳水化合物是光能储藏库，生物质是光能循环转化的载体，此外，煤炭、石油和天然气也是地质时代的绿色植物在地质作用影响下转化而成的。

第一节 FENGFU DE SHENGWUZHI ZIYUAN

丰富的生物质资源

　　通常所说的生物质主要是指植物。广义上的生物质，主要指的是有机物质，这种有机物质是直接或间接通过植物的光合作用而形成的，包含世界上所有的动物、植物和微生物，也包括这些生物的排泄物和代谢物。地球上唯一既可储存又可运输的可再生资源只有生物质能，生物质能是太阳能的一种廉价储存方式；狭义上的生物质，指的是所有来自草本植物、藻类、树木和农作物的有机物。作为可再生资源的生物质能，能够在较短的时间内再生。

一　认识生物质资源

　　地球上生物质资源相当丰富，据估算，地球上蕴藏的生物质达 1.83 亿吨，而植物每年通过光合作用生成的生物质总量为 1440 亿～1800 亿吨（干重），其中，海洋年生产 500 亿吨生物质。生物质能源的年生产量远超过全世界总能源需求量，大约相当于现在世界能源消费总和的 10 倍。到 2010 年，我国可开发利用为能源的生物质资源可达 3 亿吨，随着农林业的发展，特别是炭薪林的推广，生物质资源将越来越多。

　　据估计，到 21 世界中叶，采用新技术生产的各种生物质替代燃料将占全球总能耗的 40% 以上。如果将植物的生长考虑到以生物质为载体的能量循环中的话，这是一种清洁无污染的利用方式，因为生物质在生长过程中吸收的 CO_2，在进一步转化利用过程中，CO_2 重新释放

森林是重要的生物质资源

到大气中，构成了 CO_2 的不断循环，因而不会因为 CO_2 的大量释放而引起温室效应。

世界上生物质资源不仅数量庞大，而且种类繁多，形态多样。它包括所有的陆生、水生植物，人类和动物的排泄物以及工业有机废物等。

我国生物质的生产量达 60 亿吨干物质，单农作物秸秆就达 6 亿吨，约折合标准煤 2.15 亿吨。但目前对生物质的利用主要是采用直接燃烧的方式，这样不但燃烧效率低，浪费了大量能源，而且造成了严重的大气污染，因而，探索新型高效的生物质利用技术、开发出高品位的优质能源势在必行。

近年来，世界经济发展加快，全球能源需求迅速增长，能源、环境和气候变化问题日益突出。大力开发利用可再生能源资源，减少化石能源消耗，保护生态环境，减缓全球气候变暖，共同推进人类社会可持续发展，已成为世界各国的共识。

生物质是人类最早用来获取能源的物质，通过直接燃烧，人们可获得经光合作用储存在生物质内的能量。每燃烧一千克的木材可获得的热量为 8 ~ 20 兆焦。由于其分布广泛和容易获得，生物质一直是使用最为广泛的能源物质。

像生物质的品种、生长周期、繁殖与种植方法、收获方式、抗病灾性能、日照时间与日照强度、环境温度与湿度、雨量、土壤条件等，是影响生物质所含能量多少的主要因素。植物通过光合作用对

木材的燃烧

植物是生命的主要形态之一，包含了如树木、灌木、藤类、青草、蕨类、地衣及绿藻等熟悉的生物。种子植物、苔藓植物、蕨类植物和拟蕨类等植物中，据估计现存大约有 35 万个物种。

太阳能进行转换，而植物通过光合作用直接转换太阳能的的效率是很低的，植物光合作用的转化率为 0.5% ~ 5%，就拿温带地区植物光合作用转化太阳能的效率而言，转化率只占全部太阳辐射能的 0.5% ~ 2.5%，而地球生物圈对太阳能的平均转化率可达 3% ~ 5%。生物质能具有非常大的潜力，地球上共有 25 万种生物生长在理想的环境与条件下，光合作用的最高效率可达 8% ~ 15%，一般平均效率大约是 0.5%。

从广义上讲，生物质是植物通过光合作用生成的有机物，它的能量最初来源于太阳能，所以生物质能是太阳能的一种。而将太阳能转换成生物能的最大功臣就是植物中含有的叶绿素。每个叶绿素都是一个神奇的化工厂，它以太阳光作动力，把空气中的二氧化碳和水合成有机物，它的合成机理目前人类仍未清楚。研究并揭示光合作用的机理，模仿叶绿素的结构，生产出人工合成的叶绿素，建成工业化的光合作用工厂，是人类的梦想。如果这一梦想能实现，它将根本上改变人类的生产活动和生活方式，所以研究叶绿素的机理一直是激动人心的

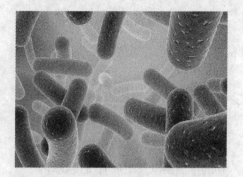

叶绿素分子

科学活动。

生物质不但能吸收太阳能，而且还可以将太阳能很好地储存起来。辐射到地球上的太阳能，一部分直接转化成热能，另一部分被植物转化为生物质能，将其储存起来；由于转化为热能的太阳能的能量密度低，要想将其收集起来进行利用，会变得异常困难，人类所能利用的太阳能只是一小部分而已，而其大部分主要存于大气和地球上的其他物质中；生物质将通过光合作用所收集起来的太阳能储存在自身的有机物中，为我们人类发展利用生物质能提供了能源基础。基于生物质对太阳能的转化与储存作用，使得生物质能有别于常规能源和其他新能源，具备常规能源与新能源的特点和优势，是人类最主要的可再生能源之一。

二　神奇的光合作用

生物质是一种通过大气、水、土地以及阳光产生的可再生的和可循环的有机物质，是一种持续性资源，包括农作物、树木和其他植物及其残体。生物质如果不能通过能源或物质方式被利用，微生物会将它分解成基本成分水、二氧化碳以及热能。因此，人类利用生物质作为能源来源，无论是作为粮食、取暖、发电或生产液体燃料，都符合大自然的循环体系。

光合作用是指绿色植物（包括光合细菌）吸收光能，转化二氧化碳和水，制造有机物质并释放氧气的过程。人们对植物光合作用这一重要生命现象的发现以及对光合作用总反应式的认识，经历了由表及里的漫长过程，也是各国科学家共同努力的结果。目前，光合作用的反应过程一般用下式表示：

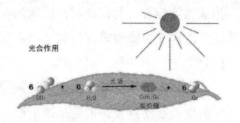

植物光合作用示意图

二氧化碳 + 水 →（甲醛）+ 氧气

光合作用的基本过程主要包括两个阶段。一个是光反应阶段，该过程必须要有光能才能在叶绿体基粒的类囊体上进行。首先是水分子光解成氧和氢，释放出氧气，然后在光照下在生物内部发生转化，把光能转变成活跃的化学能并贮存在高能磷酸键中。第二个阶段是不需要光能也能进行化学反应的暗反应阶段，该阶段的化学反应主要发生在叶绿体的基质中，首先是二氧化碳的固定，即二氧化碳与五碳化合物结合，形成三碳化合物，某些三碳化合物经过一系列复杂的变化，

贴士

其实植物的祖先都是不能进行光合作用的单细胞，它们吞食了光合细菌，二者形成一种互利关系：光合细菌生存在植物细胞内。最后细菌蜕变成叶绿体，叶绿体是一种在所有植物体内都存在却不能独立生存的细胞器。

形成糖类等有机物，此时，活跃的化学能转变为糖类等有机物中稳定的化学能。

光合作用不仅是植物体内最重要的生命活动过程，也是地球上最重要的化学反应过程。因此，光合作用对整个生物界具有巨大的作用。光合作用是把无机物转变成有机物。每年约合成 5×10^{11} 吨有机物，可直接或间接作为人类或动物界的食物。

生长在地球上的自养植物通过光合作用，一年基本上能同化大约 2×10^{11} 吨碳素，浮游植物同化产生的碳素约占 40%，陆生植物同化大约 60% 的碳素。绿色植物还可以将光能转变成化学能。绿色植物蓄积

在有机化合物中的化学能，主要是在同化二氧化碳的过程中实现的。人类所利用的煤炭、天然气、木材等都是植物通过光合作用形成的。另外，绿色植物在维持大气中氧气和二氧化碳的平衡方面，更是功不可没。地球上的生物每年因呼吸和燃烧，就需要消耗掉大约 3.15×10^{11} 吨的氧气，按照这样的速度，不用 3000 年，大气层中所含的氧气就会消耗殆尽。但是由于绿色植物的光合作用，每年大约释放出 5.35×10^{11} 吨的氧气供其他生物消耗，同时也保证了大气中 21% 的氧气含量。

由此可见，光合作用是地球上规模最大的把太阳能转变为可贮存的化

绿色植物可以通过光合作用生产氧气

学能的过程，也是规模最大的将无机物合成有机物并释放氧气的过程。从物质转变和能量转变的过程来看，光合作用是地球生命活动中最基本的物质代谢和能量代谢过程。

三 身边常见的生物质资源

根据生物质分类的角度，可以将生物质分为各种不同的种类。从生物学角度，生物质可分为植物性和非植物性两类。植物性生物质指的是植物体以及人类利用植物体过程中产生的植物废弃物；非植物性生物质指的是动物及其排泄物、微生物体及其代谢物、人类在利用动物、微生物过程中产生的废弃物，包括废水和垃圾中的有机成分；从能源资源看，生物质主要分为森林资源、农业资源、水生生物质资源和城乡工业与生活有机废物资源四种；从生物质能开发、利用的历史出发，生物质可分为传统生物质和现代生物质两类。传统生物质有薪柴、稻草、稻谷、粪便及其他植物性废弃物。现代生物质着眼于可进行规模化利用的生物质，如林业或其他工业的木质废弃物、制糖工业与食品工业的作物残渣、城市有机垃圾、大规模种植的能源作物和薪炭林等。

归结起来，生物质资源种类繁多，分布甚广，常见的生物质主要有如下几种。

1. 薪柴和林业废弃物

薪柴和林业废弃物是以木质素为主体的生物质材料，曾是人类生存、发展过程中利用的主要能源，目前还是许多发展中国家的重要能源，是生物质气化转化的主要原料。

2. 农作物残渣和秸秆

农作物秸秆是最常见的农业生物质资源。农作物残渣具有水土保

贴士

谈到森林，大家首先想到的是树木高大的身姿，其实最矮的树高不过5厘米，它叫矮柳，生长在高山冻土带。而同样矮小的是生长在北极圈附近高山上的矮北极桦，据说那里的蘑菇，长得比矮北极桦还要高。

做打包处理的农作物秸秆

持与土壤肥力固化的功能，一般不作为能源利用。传统上秸秆多用于饲料、烧柴等，目前是生物质气化和沼气发酵的重要原料。

3. 养殖场牲畜粪便

牲畜粪便是一种富含氮元素的生物质材料，可作为有机肥加工的重要原料。干燥后可直接燃烧供热，与秸秆一起构成沼气发酵的两大主要原料。

4. 水生植物

水生植物是还没有被充分注意和利用的生物质材料，主要有水生藻类、浮萍等各种水生植物。国内许多淡水湖泊因富营养化而滋生大量水生植物与藻类，如果能有效结合水体的治理，大规模收集水生植物，并将其转化为可利用的能源，将会具有十分重要的意义。

5. 制糖工业与食品工业的作物残渣

该类物质多为纤维素类生物质，并且生产比较集中，利于应用。特别是制糖作物残渣（如甘蔗渣）是世界各国都在重点利用的生物质能原料。

6. 工业有机废弃物

城市有机垃圾的利用早为世界各国所关注。直接焚烧供热、气化发电以及用于发酵生产沼气等技术已日趋成熟。

7. 城市污水

城市污水是唯一属于非固体型的生物质能原料，通过发酵技术可

城市污水

在治理废水的同时获得以液体或气体为载体的二次能源。

8. 能源植物

能源植物是以直接制取燃料为目标的栽培植物。与普通的生物质材料相比，能源植物一般都要进行规模化种植，所选择的植物也会经过筛选、嫁接、驯化以及培育，以提高其产量、产能效率和所产生能量的品位。

油料植物

以提供薪柴和木炭为目标的薪炭林就是能源林的一种，美国、巴西、瑞典均有大规模的薪炭林场。可作为薪炭树种的植物很多，一般以速生树木为主，期望三五年即能收获，目前品质较好的树种有美国梧桐、加拿大杨、意大利杨、红桉树、桉树、松树、刺槐等。

以制备燃料酒精为目标的草本植物是另一类重要的能源植物，甘蔗、甜高粱、木薯等均是生产燃料酒精的重要草本植物。耶路撒冷菜蓟是近年来颇受人类关注的酒精作物，首先由于其块茎富含的成分经水解后可以大量分解为果糖，由果糖发酵即可制备乙醇，同时耶路撒冷菜蓟生命力顽强，能在干旱、寒冷和土质较贫瘠的条件下生长，是一种宜于引种、发展的优良能源作物。

另外许多可以制备汽油、柴油等燃料的能源植物也日益受到人们的重视。油料能源植物多属于木本植物，其组织内含有大量的油脂。可作为油料植物的种类很多，据统计，我国高等植物中有 15 科 697 属 1553 种可用作油料植物，种类虽多，但在选择时，不能只考虑含油量，更需要考虑其所含油脂的燃烧特性，一般以所含植物油的燃烧特性与石油相似为选择标准，其中结构特性与柴油、汽油相近则更佳。在墨西哥和巴西生长的一种植物"科帕伊巴"能流淌金黄色或淡黄色的油状树液，此种树液可直接用作内燃机的燃料，世界上许多国家引进该树种，由该树液制成的燃料油已在一些欧美国家使用。

四 生物质资源的特点

生物质作为一种能源物资，与化石资源相比，主要具有以下几个重要特点。

1. 不受时空限制

生物质的产生既不受地域的限制，一定程度上也不受时间的限制，时间上只要白天有光照，生物质就能制造能量。化石能源不可与生物质能相比的是生物质分布的时空无限性，由此使得人类将目光瞄准了生物质能。生物质特性最直接的反映是，地球上的生命活动为我们提供了巨大的生物质资源，初步统计，地球上每年由植物进行光合作用所固定的碳，这其中含有的能量相当于人类每年消耗能量的 10 倍。

2. 可再生与二氧化碳低排放

在太阳能转化为生物质能的过程中，二氧化碳与水是光合作用的反应物，在生物质能消耗利用时，二氧化碳与水蒸气又是过程的最终产物。生物质的可再生性表明，利用生物质能可实现温室气体二氧化碳的零排放，而化石燃料在使用过程中会排放二氧化碳，导致地球温室效应。在实际利用生物质的过程中也需要投入能量，但能够做到尽量少的二氧化碳排放。

3. 洁净能源

生物质资源是一类清洁的低碳燃料，由于其含硫量和含氮量都较低，同时灰分含量也很小，因此燃

传统燃料的大气污染

贴士

在圣萨尔瓦多岛的水下 269 米深处的栗色海藻，是长在地球最深处的植物，那里阳光消失了 99.9995%。海拔 6400 米的加梅德山上发现的一种花卉，是生长在海拔最高处的花卉，这些足以说明生物质生活地域之广。

烧后硫氧化物、氮氧化物和灰尘排放量都比化石燃料少得多，是一种清洁的燃料。以秸秆为例，1 万吨秸秆与能量相当的煤炭相比较，其使用过程中，二氧化碳排放量少 1.4 万吨，二氧化硫排放量少 40 吨，烟尘少 100 吨。

4. 能源品位较低

生物质的化学结构多属于碳水化合物，即化合物中有较高的氧含量，而可燃性元素碳、氢所占比例远低于化石能源，能源密度偏低。此外，以生物体形式体现的生物质含水量高达 90%。因此生物质在利用前需要经过预处理及提高能源品位等过程，从而增加了生物质能利用的实际成本。

之所以现在生物质能源在能源结构中所占较低的比例，主要是由于生物质原料的分布比较分散。而分布相对集中的生物质原料，主要是大型工厂、农场中的废弃生物质。生物质原料分布分散，加大了生物质的转化成本，这就使生物质能源成为主流能源变得困难。因此就目前来看，运输成本在生物质原料的集中处理中占有很大比例。

用于直接燃烧的木材

五　生物质资源的发展展望

最原始的生物质主要以木材的形式存在，它是人类最古老的能源，一直被用作生活和工业活动中的燃料。传统的应用方式主要是直接燃烧，这种方式至今在世界许多地区仍被广泛采用。

生物质是一种比较分散的能源物质，其产业属于占地较多的劳动密集型产业。从历史上看，随着工业活动的增加，对能源的需求不断增长，从而使生物质的天然储量逐渐枯竭。由于新的能量更集中和更适于开发，生物质能正逐渐被取代。尽管生物质能在某些发达国家的能耗结构中仍占有相当大的比重（如芬兰占 15%，瑞典占 9%，美国占 4%），但就整个工业化国家而言，生物质在一次能源中所占的比例目前不超过3%。由于经济和社会方面的原因，许多发展中国家在用作能源的生物质方面存在着严重的使用过度和供应不足的问题。

1987年全世界的能源供给中13%～14%取之于生物质。在少数国家，生物质能的比重会更高。在尼泊尔，总能量的95%以上来源于生物质资源；马拉维94%，肯尼亚75%，印度50%，中国33%，巴西25%，埃及和摩洛哥均为20%。在这些国家，生物质作为能源，不仅在经济方面有吸引力（因为这些地区的燃料可以很容易地低价获得），而且对经济发展和环境保护均有利。

把生物质转化为可使用的能的装置，可以是组装式的，而且小规模使用时也很有效。生物质是一种土生土长的可再生资源，很少或不需要从国外进口，其作为一种能源工业开发原料，为农村的经济发展创造了良好的机遇。

燃烧生物质所产生的污染物通常低于矿物质燃料。此外，商业性开发利用生物质还可避免或减少其他产业（如林木制品业、食品加工业）所面临的废物处置问题，尤其是城镇的固体废物问题。当前利用生物质能的主要问题是能量利用率很低，使用上也很不合理，造成资源的巨大浪费。目前，生物转换和化学转换转化效率低，生产成本高，制约了生物质能大规模地有效利用，但由于生物质能的巨大潜力，在高科技的21世纪，生物质能的利用已经出现了崭新的局面。

林木制品废弃物之——锯末

第二节 FANGBIAN HUANBAO DE SHENGWUZHINENG

方便环保的生物质能

生物质能是以生物质为载体的能量，即把太阳能以化学能形式固定在生物质中的一种能量形式。生物质能是唯一可再生的碳源，并可转化成常规的固态、液态和气态燃料，是解决未来能源危机最有潜力的途径之一。生物质能的优点是易燃烧，污染少，灰分较低；缺点是热值及热效率低，体积大而不易运输，直接燃烧生物质的热效率仅为 10% ~ 30%。

一 认识生物质能

太阳能以化学能的形式蕴藏于生物质中，这种化学能是通过植物的光合作用实现的，是典型的以生物质为载体的能量。生物质能在能源消耗的比例中约占 14%，不发达地区生物质能的消耗也占 60% 以上。

在人类懂得用火以后，生物质能成为人类最早直接利用的能源，生物质能源的应用研究也伴随着人类文明的进步，经历了种种曲折。欧洲对于木质能源的应用研究在二战前后达到了高峰，但是随着石油

化工和煤化工技术的不断进步，使得生物质能源的应用趋于低谷。到 20 世纪 70 年代，中东战争引发了全球性能源危机，对于可再生能源的开发利用各国政府逐渐重视起来，这其中当然也包括对木质能源的研究利用。

石油化工企业

目前，生物质能的利用，成为仅次于煤炭、石油和天然气的第四大能源，在整个能源系统中占有重要地位。生物质能成为未来可持续能源系统的一部分，已是大势所趋。预计到 21 世纪中叶，人类对生物质燃料的消耗将占全球总能耗的 40% 以上。

能源已经作为几千年来人类社会文明进步的基础，因此能源结构的变革，必然会导致了人类社会的变革。当今世界各国都面临着环境与发展的双重压力，国民经济在增长的同时，能源消费也在同步增长。人类利用最广泛的石油和煤炭正在面临着日益枯竭的危险，能够预想到的是，未来新能源结构体系的特征是多种能源并存，生物质能毫无疑问将成为 21 世纪的主要能源之一。

自 20 世纪 70 年代以来，人们对石油、煤炭、天然气的储量和可开采时限做过种种的估算与推测，几乎都得出一致结论：化石燃料中有的将被开采殆尽；有的因开采成本高以及开发使用导致的一系列环境问题而失去开采价值。尽管人们目前仍在探讨石油开始匮乏的时间，但无论如何，不可再生的化石燃料终将耗尽却是无可争辩的事实，居安思危，开发替代能源就显得非常必要和迫切。

世界各国在调整本国能源发展战略中，已把高效利用生物质能放在技术开发的一个重要位置。据有关部门和人员拟定，到 2015 年我国生物质发电装机达到 1300 万千瓦。

实现生物质能利用技术和化石燃料利用方式的兼容，已经成为重要的能源利用课题，用生物质原料制成的可燃气体和液体，一定程度上解决了缺乏化石燃料的问题，更缓解了过分依赖大量进口石油的被动局面，对于保护生态环境和实现我国能源战略的安全具有重要作用。经摆在人们面前的一个重要问题是，如何高效开发利用生物质能。用可

生物质发电厂

再生的生物质能源制成的高品位可燃气体和液体，取代不可再生的化石燃料，让其在电力、交通运输、城市供热等方面发挥重要作用，使人类摆脱对有限的化石燃料资源的依赖，已成为摆在人类面前的一项重要任务。因此，科学地利用生物质能源、开发各种化石燃料的替代能源将是能源发展的一个重要方向，其利用前景十分广阔。

二　生物质能的优点

生物质由碳、氢、氧、氮、硫等元素组成，是空气中的二氧化碳、水和太阳光通过光合作用的产物。生物质能具有以下优点。

1. 是可再生能源，能源可以永续利用

生物质能由于通过植物的光合作用可以再生，与风能、太阳能等一样都属于可再生能源，资源丰富。据统计，全球可再生能源资源可转换为二次能源约185.55亿吨标准煤，相当于全球油、气和煤等化石燃料年消费量的2倍，其中生物质能占35%，位居首位。

2. 种类众多，分布广泛，便于就地利用，利用形式多种多样

首先可以利用农作物或其他植物中所含糖、淀粉和纤维素制造燃料乙醇，利用含油种子和废食用油

风能也是一种清洁的可再生能源

制造生物柴油作为汽车燃油。还可以利用人畜粪便发酵生产沼气。也可以直接把薪柴林以及木业、采伐加工残柴作为燃料或加工为其他燃料。还能把农作物秸秆和加工残物直接作为燃料，或经发酵生产沼气。部分生活垃圾也可以加以利用，用生活垃圾中的有机物制造固形燃料，或经发酵生产沼气。还可以直接把工业"三废"中的纸浆黑液、废轮胎等可燃物作为燃料，利用食品工业糟粕、污泥等发酵生产沼气。

遭酸雨腐蚀的森林

3. 相关技术发展成熟，能源可储存性好

利用薪材和作物秸秆直燃历史悠久，通过发酵生产沼气用于炊事和照明在农村也很普遍，利用甘蔗、玉米等制造燃料乙醇，用以代替车用汽油的做法在巴西、美国已具规模。另一方面，与太阳能、风能相比生物质能突出的优点是可储存。

4. 节能、环保效果好

用生物质能代替化石燃料，不仅可永续利用，而且环保和生态效果突出，对改善大气酸雨环境，减少大气中二氧化碳含量，从而减轻温室效应都有极大的好处。

三　生物质能转化利用技术

作为生物质能的载体，生物质是以实物存在的，相对于风能、水能、太阳能、海洋能，生物质是唯一可存储和运输的可再生能源。生物质能的组织结构与常规的化石燃料相似，它的利用方式也与化石燃料相似。常规能源的利用技术无需做多大的改动，就可以应用于生物质能。生物质能的转化利用途径主要包括物理转化、化学转化、生物转化等，可以转化为二次能源，分别为热能或电力、固体燃料、液体燃料和气体燃料等。

1. 生物质物理转化

生物质的物理转化指的主要是生物质的固化，这对于生物质能利用技术的实现是一个很重要的因素。在不添加任何黏结剂的情况下，将生物质粉碎成均匀的且粒径相同的颗粒状，通过一定的高压设备将其挤压成特定的形状。在挤压过程中会有一定的热量产生来增大黏结力，在黏结力的作用下生物质中木质素便黏结成型，然后再将其进一步炭化，最后制成木炭。

通过这样的物理转化作用，使得生物质的使用效率大大提高，并使生物质形状各异、堆积密度小且较松散、运输和储存使用不方便等问题迎刃而解。

2. 生物质化学转化

生物质化学转变主要包括以下几个方面：直接燃烧、液化、气化、热解、等。

（1）直接燃烧

让生物质原料产生热能的最原始、最传统的方法是直接燃烧法。在现实生活中，很多的电能量和热能量就是在这种直接燃烧的过程所产生的，但是日常生活中这种直接燃烧法的能量利用率很低，更造成能量的浪费。比如说直接燃烧生物质原料来烧饭、加热房间，能量的利用效率只能达到10%～30%，但高效燃烧装置的产生，大大改变了生物质能利用效率低的现状，其能

直接燃烧是对生物质利用之一

贴士　一般我们见到的木炭都是黑乎乎的，事实上，并不是所有的木炭都是纯黑色的，有一种木炭，它的外表就是灰白色的，所以，人没给它起名叫白炭。

源的利用率基本上接近了化石燃料的利用效率。

像之前开发应用的炉栅式锅炉和旋风锅炉，它们的供热设备主要由生物质原料干燥器、锅炉和热能交换器等主要部分构成，这种锅炉的热能转换效率小于26%，还通过烟道排出了大量的热能，一定程度上造成了大气污染。芬兰于1970年开发使用的流化床锅炉技术解决了这一问题，现如今流化床锅炉技术已成为燃烧供热、供电工艺的基本技术。

（2）生物质的热解

热解是将生物质通过化学转化方法，将其转化为更为有用的燃料。在热解过程中，生物质经过在无氧条件下加热或在缺氧条件下不完全燃烧后，最终可以转化成高能量密度的气体、液体和固体产物。

热解技术很早就为人们所掌握，人们通过这一方法将木材转化为高热值的木炭和其它有用的产物。在这一转化过程中，随着反应温度的升高，作为原料的木材会在不同温度区域发生不同反应。当热解达到一定温度时，木材开始分解，此时，木材的表面开始脱水，同时放出水

木炭是热解的产物之一

蒸气、二氧化碳、甲酸、乙酸和乙二醛。当温度继续升高时，木材将进一步分解，释放出水蒸气、二氧化碳、甲酸、乙酸、乙二醛和少量一氧化碳气体，木材开始焦化。若温度进一步升高，热裂解反应开始发生，反应为放热反应，在这一反应条件下，木材会释放出大量可燃的气态产物，如一氧化碳、甲烷、甲醛、甲酸、乙酸、甲醇和氢气，并最终形成木炭。

通过改变反应条件，人们可以控制不同形态热解产物的产量。降低反应温度、提高加热速率、减少停留时间可获得较多的液态产物；降低反应温度和加热速率可获得较多的固体产物；提高反应温度、降低加热速率、延长停留时间可获得较多的气体产物。由于液体产品容易运输和贮存，国际上近来很重视

这类技术。最近国外又开发了快速热解技术，即瞬时裂解，制取液体燃料油，以干物质计，液化油产率可达 70% 以上，该方法是一种很有开发前景的生物质应用技术。

（3）生物质的气化

气化是以氧气（空气、富氧或纯氧）、水蒸气或氢气作为气化剂，在高温下通过热化学反应将生物质的可燃部分转化为可燃气（主要为一氧化碳、氢气和甲烷以及富氢化合物的混合物，还含有少量的二氧化碳和氮气）。

通过气化，原先的固体生物质被转化为便于使用的气体燃料，可用来供热、加热水蒸气或直接供给燃气机以产生电能，并且能量转换效率比固态生物质的直接燃烧有较大的提高。气化技术是目前生物质能转化利用技术研究的重要方向之一。

生物质气化时，随着温度的不断升高，物料中的大分子吸收了大量的能量，纤维素、半纤维素、木质素发生一系列并行和连续的化学变化并析出气体。半纤维素热分解温度较低，在低于 350℃ 的温度区域内就开始大量分解。纤维素主要热分解区域在 250℃ ~ 500℃，热解后碳含量较少，热解速率很快。而木质素在较高的温度下才开始热分解。

（4）生物质的液化

液化是对生物质进行热化学转化的过程，需具备高温高压的条件，才能对生物质进行液化处理。液化后生物质将由固体变成高热值的液体。在生物质液化过程中，将其固态的大分子，通过有机聚合物转化为液态的小分子。

将生物质液化主要分为三个阶段。第一个阶段为破坏阶段，即破坏生物质的宏观结构，使其分解为大分子化合物；第二阶段为通过解聚大分子链状的有机物，使之溶解于反应介质中；低三个阶段为在高温高压的条件下，将生物质水解或溶剂解，以获取液态小分子有机物。各种生物质在相同的反应条件下，

生物质气化后的气体燃烧效果

生物柴油

其液化程度受各自化学成分的制约，尽管化学成分不同，但它们液化产物的类别主要为固态的生物质粗油和气态的生物质残留物。

为了提高液化产率，获得更多生物质粗油，可在反应体系中加入金属碳酸盐等催化剂，或充入氢气或一氧化碳或者二者的混合气体。根据化学加工过程的不同技术路线，液化又可以分为直接液化和间接液化。

（5）生物柴油

生物柴油是通过酯交换的过程，将植物油与甲醇或乙醇等短链醇在一定状态下进行反应，生成生物柴油（脂肪酸甲酯），并获得副产物甘油。生物柴油可以单独使用以替代柴油，又可以一定的比例与柴油混合使用。除了为公共交通车、卡车等柴油机车提供替代燃料外，又可以为海洋运输业、采矿业、发电厂等具有非移动式内燃机行业提供燃料。

3. 生物质生物转化

生物质的生物转化是利用生物化学过程将生物质原料转变为气态和液态燃料的过程，通常分为厌氧消化和发酵生产乙醇工艺。

（1）厌氧消化

厌氧消化是指富含碳水化合物、蛋白质和脂肪的生物质在厌氧条件下，依靠厌氧微生物的协同作用转化成甲烷、二氧化碳、氢及其它产物的过程。整个转化过程可分为三个步骤：首先将不可溶复合有机物转化成可溶化合物，然后可溶化合

乙醇的燃烧

物再转化成短链酸与乙醇，最后经各种厌氧菌作用转化成气体(沼气)。一般最后的产物含有50%~80%的甲烷，最典型产物为含65%的甲烷与35%的二氧化碳，是一种优良的气体燃料。厌氧消化技术又依据规模的大小设计为小型的沼气池技术和大中型集中的禽畜粪便或者工业有机废水的厌氧消化工艺技术。关于沼气生产技术，可以参看本书系中《推陈出新的沼气能》。

（2）发酵工艺

生产乙醇的发酵工艺依据原料的不同分为两类：一类是富含糖类的作物直接发酵转化为乙醇，另一类是以含纤维素的生物质原料做发酵物，必须先将经过酸解转化为可发酵糖分，再经发酵生产乙醇。

四 生物质能利用现状

1. 国外生物质能利用状况

由于生物质能在生长过程中可吸收二氧化碳，又利于废物利用，故欧美等 国家多将其作为可再生能源大力发展。

生物质能的有效利用在于其转换技术的提高。生物质直接燃烧是最简单的转换方式。但普通炉灶的热效率仅为15%左右。生物质经微生物发酵处理，可转换成沼气、乙醇等优质气体和流体燃料。

巴西的玉米田

在高温和催化剂作用下，可使生物质能转化为可燃气体；热分解法将木材干馏，可制取气体和液体燃料。在美国、日本、加拿大等国家，气化技术已能大规模生产水煤气；巴西、美国等国家用甘蔗、玉米等制取乙醇，作汽车燃料；美国加州已有 50 多万千瓦的木柴发电厂。

不少国家都开始研究垃圾发电，技术已经成熟。日本有 131 座垃圾电站，总装机容量为 650 兆瓦。奥地利成功地推行建立燃烧木质能源的区域供电计划，目前已有 90 多个容量为 1000 ~ 2000 千瓦的区域供热站。加拿大有 12 个实验室和大学开展了生物质的气化技术研究。

人类对生物质成型技术的研究，始于 20 世纪 40 年代的日本。当时日本已经开发出了年生产量达 25 万吨的单头、多头螺杆挤压成型机，用来生产棒状成型燃料。尤其在京都会议后，日本迫于二氧化碳减排指标的压力，开始学习欧美等国家的经验，首先制定了生物质能源发展利用规划，并制定了一系列的法律法案，来促进对生物柴油的研发工作，2001 年开始实施的"建筑废物再生法"，又促进了用废木屑代替煤供锅炉燃烧和发电技术的发展。而部分欧美国家相继对活塞式挤压制圆柱及块状成型技术进行开发研究，他们的科研人员对生物质燃料的催化气化技术进行了大量的研发工作。美国、新西兰、日本、德国、加拿大等国家先后进行了生物质制取液化油的研究工作。

从 20 世纪 70 年代开始，生物质能的开发利用研究已成为世界性的热门研究课题。许多国家都制定了相应的开发研究计划，如日本的阳光计划、印度的绿色能源工程、美国的能源农场和巴西的乙醇能源计划等。

贴士

将人工分离和修饰过的基因导入到生物体基因组中，由于导入基因的表达，引起生物体的性状的可遗传的修饰，这一技术称之为转基因技术，人们常说的"遗传工程"、"基因工程"、"遗传转化"均为转基因的同义词。

芬兰有丰富的森林资源

2000年美国政府拨款2.1亿美元作为相关项目的开发费用，能源部组织了扩大燃料乙醇生产、降低乙醇成本和发酵菌种转基因等技术的开发。

欧盟以前对生物质能的开发利用占全部可再生能源的60%，在欧盟通过可再生能源立法后，欧盟各国根据自身的情况，因地制宜地对新能源进行了不同程度的开发利用，而且各有特色。德国对新能源的开发利用主要集中在风电和沼气方面，尤其注重对人工沼气的利用，比如对垃圾填埋处理场的沼气加以收集利用；法国用甲酯化后的生物质能来和柴油并用，取代部分石油等化石燃料；芬兰凭借丰富的森林资源优势，大力发展木质系能源，在总能耗中，目前已经达到了16%的比例水平；而瑞典主要是扶持木质系生物质能的利用，采取对重油、煤炭征收二氧化碳税和硫化物税的措

贴士 古巴位于加勒比海西北部，大部分地区地势平坦，东部、中部是山地，西部多丘陵。全境大部分地区属热带雨林气候，仅西南部沿岸背风坡为热带草原气候，非常适合甘蔗种植。

施来巩固对木质系生物质的利用成果；丹麦的可再生能源主要是生物质能，虽然丹麦向世界各国供应风力机，但其对风能的开发利用仅占可再生能源的10%，到2000年为之，丹麦生物质能的利用比例已经占到可再生能源的85%。

英国开始大幅提高生物质能发电的能力。重点开发用于适合生物质能发电的燃气轮机技术和高效气化技术，并改进设计工艺和环境评估等。

古巴盛产甘蔗，大量的甘蔗渣可用于燃烧发电，该国政府已与联合国发展组织、世界环境基金会联合进行国际合作，预计投资1亿美元兴建以甘蔗渣为原料的环保电厂，预计所生产的电能可足够古巴全国使用。

2. 我国生物质能利用现状

由于一次性能源的储量有限，使得未来我国的能源格局形势面临着严峻挑战。从能源的可利用性方面分析，到2060年，把可供开发利用的水能资源全部算上，也仅仅得到260吉瓦能源，这一数字相当于从现在起再增加10个三峡水电站和再建66个大亚湾核电站。乐观地估计，如果再开发4.6亿吨新能源，将煤炭的供应量达到最大化，总共也只有30亿吨标准煤可供利用。这意味着到21世纪中叶，我国人均仅占有两吨左右的一次性能源，比1995年提高一倍。如果要实现21世纪中叶达到中等发达国家水平的发展目标，就要摆脱能源瓶颈对国民经济发展的制约。

我国是一个农业大国，拥有丰富的生物质资源，仅农作物秸秆每年就有6亿吨，其中一半可作为能源利用。全国生物质能的可再生能量按热当量计算为2亿吨标准煤，相当于农村耗能量的70%。历年垃圾堆存量也高达60亿吨，年产垃圾近1.4亿吨。我国现有668个城市，其中有2/3被垃圾环带所包围，城市垃圾造成的损失每年高达250亿~300亿元。若采取新技术来利用生物质能，并提高它的利用率，不仅可以解决农民生活用能问题，还可用作各种动力和车辆的燃料。又如，利用荒山野地种植能源作物，可改善生态环境，又可建立绿色能源工厂，生产能源产品。总之，挖掘这些资源，推广生物质能利用新技术等潜力巨大，前景广阔。

荒山地区种植能源作物

我国生物质能的应用技术研究，从 20 世纪 80 年代以来一直受到政府和科技人员的重视。主要在气化、固化、热解和液化等方面开展研究开发工作。

第一是生物质气化技术，生物质气化技术的研究在我国发展较快。利用农林生物质原料进行热解气化反应，产生的木煤气供居民生活用气、供热和发电方面。早在 20 世纪 80 年代初期，中国林业科学研究院林产化学工业研究所就开始了对木质原料和农业剩余物气化及成型技术的研发。其开发的上吸式气化炉已先后在黑龙江、福建等建成工业化装置，该气化炉以林业剩余物为原料，最大产热能力为 6.3×10^6 焦/时，对原料的气化热率可达 70% 以上，产生的木煤气作为集中供热和居民家庭用气燃料。除气化炉之外，

贴士

秸秆是成熟农作物茎叶（穗）部分的总称。通常指小麦、水稻、玉米、薯类、油料、棉花、甘蔗和其它农作物在收获籽实后的剩余部分。农作物光合作用的产物有一半以上存在于秸秆中，因此它是一种具有多用途的可再生的生物资源。

我国还进行了气化发电技术研究，但是电的转化率仅达到13%左右。从20世纪90年代，在山东省能源研究所的主导下研发的下吸式气化炉，在农村居民集中的地区得到了较好的推广应用，而且已形成了产业化发展的规模，下吸式气化炉以秸秆类农业剩余物为气化原料，气化转化率可达70%以上，气体在标准状态下的热值也相对集中在5000千焦/立方米。目前全国已建立300余个秸秆气化集中供气系统，国内也有数十家单位从事同类技术的研究开发。

广州能源研究所开发了外循环流化床生物质气化技术，制取的木煤气作为干燥热源和发电。已完成了目前国内最大发电能力为1兆瓦

生物质固化的产品

的气化发电系统，为木材加工厂提供附加电源。辽宁能源所与意大利合作引进了一套下吸式气化炉发电装置，发电能力30千瓦。另外北京农机院、浙江大学热工所和大连环科所等单位先后开展了生物质气化技术的研究工作。

第二是生物质固化技术，我国于"七五"期间便开始了生物质固化技术的研发，现已具备工业化生产的规模。目前国内已开发完成了棒状成型机和颗粒状成型机两类固化成型设备，该设备是在中国林科院林化所科研人员的主导下率先完成的。棒状成型机分为两种：单头和双头，其中单头机的生产能力为120千克/时；双头机的生产能力为200千克/时。后来林科院与正昌粮机公司联合开发了一种生产能力达250～300千克/时的内压滚筒式颗粒机，生产的颗粒成型燃料尤其适用于家庭或暖房取暖使用。我国的平亚取暖器材有限公司，通过进一步的消化吸收从美国引进的家用取暖炉，并同时引进了一套生产能力为1.5吨/时的颗粒成型燃料生产线，两者开始投入生产以来，已具

备了工业化的生产规模，其产品的市场运行状况良好。

第三是生物质水解制取乙醇技术。早在 20 世纪 50 年代，我国就曾经开展了木质纤维素稀酸常压、稀酸加压水解制乙醇的研究。20 世纪 80 年代，人们再度开始木质纤维素的水解新技术的研究，中国林科院林化所、山东大学、华东理工大学、沈阳农业大学等先后开展了生物质水解制取乙醇工艺和设备的研究开发，重点对前处理工艺进行了研究，目前尚处于研发阶段。

第四是热解技术。我国在 20 世纪 50 年代至 60 年代时，便开始了木材热解技术的研究工作。中国林科院林化所分别在北京和安徽芜湖建立了一套生产能力为 500 千克/小时的木屑热解工业化生产装置和年处理能力达万吨以上的木材固定床热解系统。新中国成立初期，由于当时我国石油资源紧缺，黑龙江铁力木材干馏厂便从苏联引进了一套大型木材热解设备，该设备年处理木材 10 万吨左右。如今这些设备和装置已经纷纷下马和转产，现在石油化工技术已相当成熟，以木材为原料制取化工产品成本较高，最终被市场所淘汰。现如今的研究工作也纷纷转向对热解产品的深加工开发技术，像活性炭、木醋液等的应用研发。

最后是沼气技术。我国沼气的使用有较长历史，在发展中国家处于领先地位。近年来，全国沼气建设持续保持良好的发展势头，每年实际递增达 6.9%，利用率达到 87% 以上，综合利用户数达到 340 万户。全国大中型沼气工程达到 1211 处。

总之，我国在生物质能转换技术的研究开发方面做了许多工作，取得了明显的进步，但与发达国家相比还有差距。

五 生物质能利用的前景

生物质能有着非常广阔的利用前景，在不久的将来，生物质能的

沼气用于炊事

可再生利用能源——生物质能树枝

消费量预计将会占到世界能源消费量的40%左右。但目前而言，许多生物质的各种转化利用技术还未能实现完全突破，因此现在对生物质能利用技术研究主要集中在生物质能源转换技术、生活垃圾能源的规模化利用与示范推广技术、生物质热解液化的实用化技术、沼气和热解气化的集中供气系统相关技术等技术领域，这些技术的成功突破，既可以为工业生产提供初级化工产品，又能够减轻化石能源枯竭带来的能源危机。今后研究的另一个重要方向是利用热解气来合成甲醇和乙醇。随着人们长期以来对化石燃料的依赖和消耗量的日益增加，环境问题变得越来越严重。根据科学推算，按照目前的开采速度，化石燃料到2050年左右将濒临耗竭。生物质能源由于具有清洁无污染和可再生性等优良特征，正日益受到人们的重视，第三次能源转变的关键就在于对生物质能的开发利用。许多西欧及北美的发达国家在20世纪80年代末90年代初，便已经开始投入大量的人力物力财力对生物质能进行技术开发，据估计到目前为止，世界各国对可再生能源的技术开发费用已超过315亿美元。1995年美国生物质能利用占全国总能耗的比例仅为5%左右，到2000年的时候该比例已达到10%～13%。巴西的可再生能源占全国能耗的55%以上，而芬兰每年的可再生能源占全国总能源的30%～40%，因此像巴西、芬兰、瑞典等国家已走在了从化石燃料转入可再生能源时代的前列。综上所述，生物质作为可再生的洁净能源其开发利用已势在必行，无论从废弃资源回收或能源结构转换，还是从环境的改善和保护等各方面均具有重大的意义。

第二章

Chapter 2

生物质直接燃烧

　　人类自从发明了火，便开始以植物枝杈、叶片、野草等生物质为燃料，直接燃烧就是最原始、最实用的利用方式，一直延续到今天。随着社会的发展、科技的进步，燃用生物质的设施和方法在不断地改进和提高，现已达到工业化规模利用的程度。本章重点介绍生物质直接燃烧的原理、生物质的燃烧过程和生物质特殊燃料。

第一节 RENSHI SHENGWUZHI RANSAHO
认识生物质燃烧

燃料一般是指可以与氧气发生激烈的氧化反应，释放出大量的热，而且具有经济合理性的一种物质。按照形态可以分为气体燃料、液体燃料和固体燃料；按照取得的方法可以分为天然燃料和人造燃料。

一 生物质的化学组成

生物质固体燃料是由多种可燃的、不可燃的无机矿物质及水分混合而成的。其中，可燃质是多种复杂的高分子有机化合物的混合物，主要由碳、氢、氧、氮和硫等元素所组成，其中碳、氢和氧是生物质的主要成分。

氢原子结构示意图

碳的形式存在。

1. 碳

碳是生物质中主要可燃元素。在燃烧期间与氧发生氧化反应，1千克的碳完全燃烧时，可以释放出约3.4万千焦的热量，基本上决定了生物质的热值。生物质中碳一部分与氢、氧等化合为各种有机化合物，一部分以结晶状态

2. 氢

氢是生物质中仅次于碳的可燃元素，1千克的氢完全燃烧时，可以释放出14.2万左右千焦的热量。生物质中所含有的氢一部分与碳、硫等化合为各种可燃的有机化合物，受热时热解析出，且易点火燃烧，这部分氢称为自由氢。另有一部分

氢和氧化合形成结晶水，这部分称为化合氢，显然它不可能参与氧化反应，释放出热量。

3. 氧和氮

氧和氮均是不可燃元素。氧在热解期间一部分被释放出来满足燃烧过程对氧的需求。在一般情况下，氮不会发生氧化反应，而是以自由状态排入大气；但是，在一定条件下（如高温状态），部分氮可与氧生成氮氧化物，污染大气环境。

4. 硫

硫是燃料中一种有害可燃元素，它在燃烧过程中可生成二氧化硫和三氧化硫气体；既有可能腐蚀燃烧设备的金属表面，又有可能污染环境。生物质中硫含量极低，如果替代煤等化石能源，可以减轻对环境的污染。

5. 灰分

灰分是燃料在燃烧时，非可燃矿物质经高温氧化分解所形成的固体残渣，灰分影响生物质的燃烧过程。减少生物质的灰分含量，可以增加燃料的热值，使生物质燃烧时放出更高的温度。稻草燃烧比较困难的主要原因是，其灰分的含量较大，将近14%。将收获后的农作物秸秆在田中放置一段时间，植物秸秆经过雨水的清洗后，除去了部分灰分，而且其中氯和钾的含量也会降低，这样既减少了秸秆的运输量，又将秸秆对锅炉的磨损降到了最低，同时也减少了灰渣的处理量。

秸秆放置一段时间有利于减少灰分

6. 水分

水分是燃料中不可燃的部分，一般分为外在水分和内在水分，外在水分是指吸附在燃料表面的水分，可用自然干燥的方法去除，与运输和存储条件有关；内在水分是指吸附在燃料内部的水分，比较稳定，生物质水分的变化较大，水分的多少将影响燃烧的状况，含水率较高生物质的热值有所下降，导致起燃困难，燃烧温度偏低，阻碍燃烧反应的顺利进行。

（二）生物质物理特性

生物质原料的物理特性对生物质流化床气化工艺和气化工程的设计十分重要。生物质原料的密度、原料的流动性、析出挥发分后的残碳特性和灰熔点等物理性质都与煤炭有很大的差异，会影响生物质气化过程的设计与运行。

1. 密度和堆积密度

密度是指单位体积生物质的质量。固体颗粒状物料有两种衡量其密度的方法，一是物料的真实密度，即我们通常所说的物质的密度。它是指去除颗粒间空隙的密度，需要用专门的方法进行测量；二是堆积密度，即包括颗粒间空隙在内的密度，一般在自然堆积的状态下测量。对固定床气化工艺用得更多的是堆积密度。它反映了单位体积物料的质量。

实际上生物质原料分为两类，一类是所谓的"硬柴"，主要有木材、木炭、棉杆等，"硬柴"的堆积密度介于 200 ～ 350 千克 / 立方米之间。另一类是所谓的"软柴"，主要指农作物秸秆，秸秆的堆积密度远远的低于木材的堆积密度，如玉米秸的堆积密度是木材的 1/4，麦秸的堆积密度还不到木材的 1/10。一般地讲，堆积密度的大小直接影响着气化工艺：堆积密度越大越有利于生物质的气化，反之，堆积密度小则不利于生物质的气化。

玉米秸秆

2. 自然堆积角

自然堆积角是指自然堆积体的锥体母线与底面所形成的的夹角。自然堆积角体现了物料的流动特性。自然堆积角较小，说明物料颗粒的滚动需要很小的坡度，自然物料的流动性较好，形成的锥体较矮；自然堆积角较大，说明物料颗粒的滚动需要较大的坡度，自然物料的流动性不好，所形成的锥体较高。自然堆积角的大小直接影响生物质在固定床气化炉中的形态特征。比如，碎木材原料的自然堆积角小于等于45°，在固定床气化炉中受重力作用自然向下顺畅地移动，碎木材下部原料消耗完后，上部的自然下落补充，所形成的反应层充实而均匀。但是堆垛以后的玉米秸和麦秸，即使将底部掏空，上面的麦秸受自然堆积角的影响不会自然下落，此时自然堆积角大于90°，在固定床气化炉中很容易产生架桥、穿孔现象。

木质炭有较好的机械强度

3. 炭的机械强度

生物质原料加热后，气化炉中的反应层只有剩余的木炭。剩余木炭的机械强度影响着反应层的结构，是直接支撑着生物质物料颗粒形状的骨架。由木材等硬柴形成的木炭机械强度较高，所形成的反应层孔隙率高而且均匀，而且可燃物析出挥发分后几乎保持原来的形状。由于秸秆炭的机械强度低，可燃物成分挥发分析出后，在反应层中产生空洞，不能保持原有形状，一些不均匀气流随之形成，细而散的炭粒降低了反应层的活性和透气性。

4. 灰熔点

受高温环境的影响，灰分由熔融状态而形成渣，附着在气化炉的内壁上形成难以清除的大渣块。灰熔点是指灰分开始熔化的温度，影响灰熔点高低的因素主要看灰的成分，不同种类的生物质和同种生物质由于产地不同，其灰熔点也会有所不同。由于木材灰含量较低，几乎不会对气化炉造成影响，但是当气化炉在气化秸秆类原料时，应将反应温度控制在灰熔点以下。

综上所述，各种生物质原料的化学成分变化不大，但是它们的物理特性有较大的差别。如果作为燃料来看，与煤相比有如下几个特点：

首先是生物质的挥发分高，固定碳低。煤的挥发分一般在20%质量分数左右，固定碳在60%左右。

而生物质的固定碳在20%左右，挥发分则高达70%左右；

其次是生物质原料中氧含量高，因此在干馏或气化过程中都有大量的一氧化碳产生，不像煤在干馏气化过程产生低一氧化碳的煤气；

第三是木质类生物质含灰分极低，只有1%～3%，秸秆类生物质灰含量稍多一些，但是同煤相比，生物质的灰含量是较低的；

第四是生物质的发热值明显低于煤，一般只相当于煤的1/2～2/3。

最后是生物质的硫含量极低，有的生物质甚至不含硫。

三 生物质燃烧及特点

最简单的热化学转化工艺不外乎是将生物质原料直接进行燃烧。利用生物质燃料燃烧时的一系氧化还原反应，可以将生物质中的化学能转化为热能、机械能或电能而供人类加以利用。生物质燃烧时放出巨大的热量，所产生的热气温度可达800℃～1000℃。由于生物质燃料与化石燃料的不同，从而使得生物质的燃烧机理、反应速度以及燃烧产物等与化石燃料相比都有很大的不同，不同点主要体现为以下几点：

1. 含碳量较少，含固定碳少

生物质燃料中含碳量最高的也仅50%左右，相当于生成年代较少的褐煤的含碳量特别是固定碳的含量明显地比煤炭少，因此，生物质燃料不抗烧，热值较低。

2. 含氢量稍多，挥发分明显较多

生物质燃料中的碳多数和氢结

化石燃料煤炭

贴士 可燃物经热解出挥发分之后，剩下的不挥发物称为减去灰分所得部分称为固定碳。固定碳是参与气化反应的基本成分。在煤炭工业中，它是确定煤炭质量用途的重要指标。

合成低分子的碳氢化合物，在一定温度下经热分解而析出挥发物，所以生物质燃料易被引燃，燃烧初期析出量较大，在空气和温度不足的情况下易产生镶黑边的火焰，在使用生物质为燃料的设备设计中必须注意到这一点。

3. 含氧量最多

生物质燃料含氧量明显地多于煤炭，它使得生物质燃料热值低，但易于引燃，在燃烧时可相对地减少供给空气量。

4. 密度小

生物质燃料的密度明显地较煤炭低，质地比较疏松，特别是农作物秸秆和粪类，这使得生物质燃料易于燃烧和燃尽，灰烬中残留的碳量较燃用煤炭者少。

5. 含硫量低

生物质燃料含硫量大多少于0.20％，燃烧时不必设置气体脱硫装置，不仅降低了成本，而且有利于保护环境。

生物质燃料的燃烧过程是燃料和空气间的传热、传质过程。燃烧不仅需要燃料，而且必须有足够温

化石能源的脱硫装置

度的热量供给和适当的空气供应。

四　生物质燃烧的过程

要想实现生物质燃料的燃烧过程，除了要有足够的热量供给和适当的空气供应外，燃料的存在是必不可少的。这种燃烧过程是燃料和空气间的传热、传质过程。生物质中的纤维素、半纤维素和木质素是燃烧时消耗的主要成分。在燃烧过程中最早释放出挥发分物质的是纤维素和半纤维素，最后转变为碳的是木质素。生物质的直接燃烧反应是发生在碳化表面和氧化剂（氧气）之间的气固两相反应。

静态渗透式扩散燃烧是生物质燃料的燃烧机理。第一，火焰的形成，是生物质燃料在表面进行的可燃气体和氧气的放热化学反应。第二，除了表面可燃挥发物燃烧外，

还会形成较长的火焰，这是由于燃料表层部分的碳处于过渡燃烧区所导致的。第三，虽然在燃料表面，还有较少的挥发分燃烧，但更主要的是燃烧会不断地向成型燃料的深层渗透。焦炭燃烧的产物为二氧化碳、一氧化碳及其他气体，这些气体在燃烧过程中不断向外扩散，而且一氧化碳在高温条件下，再加上有氧气的存在，不断地生成二氧化碳，使得燃料表层看上去是一层很薄的灰壳被火焰所包围，这就是煤炭的扩散燃烧。第四，生物质燃料在层内进行的燃烧主要是碳燃烧，即碳和氧气在高温环境下结合形成一氧化碳，在生物质表面形成比较厚的灰壳，灰层中会有微孔组织或空隙通道甚至裂缝出现，这是由于生物质的燃尽和热膨胀原因所致。第五，当可燃物基本上燃尽的时候，燃尽壳的灰层会不断加厚，若没有其他的外部因素就会形成整体的灰球，灰球颜色暗红，表面没有火焰，这就是生物质燃料的整个过程。

生物质燃烧

贴士

纤维素是植物细胞壁的主要成分。纤维素是自然界中分布最广、含量最多的一种多糖，占植物界碳含量的 50% 以上。棉花的纤维素含量接近100%，为天然的最纯纤维素来源。一般木材中，纤维素占 40% ~ 50%。

第二节 BUTONG ZHONGLEI DE SHENGWUZHI RANSHAO
不同种类的生物质燃烧

生物质燃烧作为能源转化形式是一项相当古老的技术，人类对能源的最初利用就是从木材燃火开始的，人类有关农业、制陶、冶铜、炼铁及蒸汽机的发明，也都是从木柴燃火开始的。

一 生物质直接燃烧

生物质的直接燃烧和人类利用火的历史一样古老，即将生物质如木材直接送入燃烧室内燃烧，燃烧产生的能量主要用于发电或集中供热。利用生物质直接燃烧，只需对原料进行简单的处理，不需要复杂的原料处理系统，可减少项目投资，同时，燃烧产生的灰可用作肥料。但直接燃烧生物质特别是木材，产生的颗粒排放物对人体的健康有影响，此外，由于生物质中含有大量的水分，在燃烧过程中大量的热量以汽化潜热的形式被烟气带走排入大气，燃烧效率相当低，浪费了大量的能量。

生物质直接燃烧技术的研究开发，主要着重于专用燃烧设备的设计和生物质成型物的应用。目前，在世界上有许多直接燃烧生物质燃料的锅炉和其它燃烧装置，主要分布在林木产区、木材工业区和造纸工业区。

全球性大气污染程度进一步加剧，节能减排已成为世界各国面临的主要的能源与环境问题。将生物质成

生物质固化成型后的产品

型燃料直接进行燃用是各国进行生物质高效、洁净化利用的一个有效途径。因为生物质燃料燃烧时二氧化碳的净排放量几乎为零，二氧化氮排放量大约是燃煤的20%，二氧化硫的排放量大约是燃煤的10%。生物质的利用受到一系列因素的影响，这些因素主要是生物质的形状、堆积密度等各不相同，给生物质能的运输、储存及使用带来了一些列的不便。于是对生物质成型技术的研发，便在20世纪40年代开始，通过一定的设备装置对生物质原材料进行机械加工，制成块状和颗粒状的生物质燃料。经过一系列的机械加工，生物质燃料的密度和热值大幅提高，方便了运输和储存，这些机械原料在家庭取暖、区域供热和混合发电方面发挥了重要的作用。

生物质成型燃料燃烧设备按规模可分为：小型炉、大型锅炉和热电联产锅炉；按用途与燃料品种可分为：木材炉、壁炉、颗粒燃料炉、薪柴锅炉、木片锅炉、颗粒燃料锅炉、秸秆锅炉、其它燃料锅炉；按燃烧形式可分为：片烧炉、捆烧炉、颗粒层燃炉等。

我国在近几年形成生产规模的螺旋推进式秸秆成型机，实是在20

固化成型燃料

世纪80年时从国外引进的技术设备。但是我国国产的生物质成型加工设备，很多在不同程度上存在着技术及工艺方面的缺陷，这就更值得我们继续去深入研究探索，不断的进行开发试验。生物质成型设备存在的问题与生物质成型燃料的独特优点相比，是微不足道的：如便于储存、运输、使用方便、卫生、燃烧效率高、清洁环保等。生物质成型燃料在我国一些地区已进行批量生产，对其生产研发的技术也在不断改进。可以预见的是，在我国未来的能源消耗结构中，生物质成型燃料所占的比重将会进一步提高。

二　生物质混合燃烧

对于生物质来说，近期有前景的应用也许是现有电厂利用木材或农作物的残余物与煤的混合燃烧。利用此技术，除了显而易见的对废物利用的好处外，另一个益处是燃煤电厂可降低氮氧化物的排放，因为木材的含氮量比煤少，并且木材中的水分使燃烧过程冷却，减少了氮氧化物的热形成。

在煤中混入生物质如木材，会对炉内燃烧的稳定和给料及制粉系统有一定的影响。许多电厂的运行经验证明：在煤中混入少量木材（1%～8%）对运行不会产生任何问题；当木材的混入量上升至15%时，需对燃烧器和给料系统进行一定程度的改造。

近年来，美国电力研究所和纽约电力煤气公司、北印第安纳公共服务公司等动力供应商一起，对数台锅炉的煤和木材混合燃烧进行了广泛的测试和研究。EPRI的研究证明：旋风炉的改造费用最低，大约为50美元／千瓦，其利用木材混合燃烧的比例为1%～10%（按发热量计算）；煤粉炉利用木材混合燃

煤粉炉

烧的比例较低，一般为 1% ~ 3%，需要约 3000 美元/千瓦的改造费用。若在煤粉炉中采用更高程度的混合燃烧，将需更高的费用用于生物质燃料的预处理如生物质燃料的干燥，或者建造单独的给料系统将生物质燃料送至锅炉中。

三 生物质气化燃烧

实现生物质燃料较高的热效率，同时其投资费用又相对较低，主要的一项技术就是生物质的气化燃烧，该技术实现后，可以应用动力电厂，为其提供较高的热效率和相对低的投资费用，目前人们正使得生物质气化技术向这一目标迈进。

生物质气化技术的原理是，让有机物在高温环境下，利用氧化法将其转化成可燃气体。产生的该气体可被发动机、锅炉、民用炉灶等直接燃烧。二战期间对气化技术的应用已经达到了很高的程度，而如今随着人们对生物质能源开发利用持续不断地关注，气化技术的应用又重新引起了人们的重视，目前气化技术的应用主要集中在发电、合成甲醇和产生蒸汽领域。生物质气化与煤的气化相比，不需要苛刻的

温度和压力条件，一般而言生物质气化温度是在 800℃ ~ 850℃之间，因为生物质有较高的反应能力。

用空气作为氧化剂而产生生物气，生物气是一种低热值气。目前，被广泛使用的生物质气化装置是常压循环流化床和增压循环流化床。流化床燃烧技术是一种成熟的技术，在矿物燃料的清洁燃烧领域早已进入商业化使用。利用循环流化床作为生物质气化装置的优点如下。

首先流化床对气化原料有足够的适应性，不仅能处理各种生物质燃料，树皮、锯末、木材废料等，还可以气化废物衍生燃料和废旧轮胎等。

其次生物质燃料不需碾磨，不需预先的干燥处理，水分高达 60% ~ 70%。

最后生物质可燃颗粒和床料经

树皮

旋风筒的分离作用，从回料管返回流化床底部。这样可回收部分热量，提高生物质的热转换效率。

当今生物质气化燃烧的主要技术有生物质与煤的混合燃烧和生物质的气化联合循环技术。

1. 生物质／气和煤的混合燃烧

生物质和煤的混合燃烧是在生物质气化的早期开发中所走的商业化道路。生物质在循环流化床等气化装置中气化，产生的低热值气和气中所携带的可燃颗粒被送入锅炉炉膛中燃烧。由于允许生物气中含有固体颗粒（部分气化），使生物质在气化装置中驻留时间缩短，这样减小了气化装置的尺寸，同时，不需要生物气的净化设备，因为离开循环流化床的可燃颗粒在锅炉炉膛内有足够的时间完全燃烧，这样，简单的气化技术和体积较小的气化装置降低了设备的投资和运行费用。

2. 生物质的气化联合循环技术

对于完全利用生物质燃料的电站来说，高效而清洁的燃烧技术应首推气化联合循环技术气化联合循环最初作为一种先进的煤清洁燃烧技术，在 20 世纪 90 年代已部

燃气轮机

分进入商业化使用。虽然生物质的特殊性质决定了其与煤有着不同的技术发展道路，但却可采用与煤相似的气化联合循环技术，并且由于煤气化联合循环技术的广泛发展，对于燃气轮机来说，燃用低热值的生物气已没有太大的技术困难。

四　生物质层燃

在层燃方式中，生物质平铺在炉排上形成一定厚度的燃料层，进行干燥、干馏、燃烧及还原过程。层燃过程分为：灰渣层、氧化层、还原层、干馏层、干燥层、新燃料层。

氧化层区域：通过炉排和灰渣层的空气被预热后和炽热的木炭相遇，发生剧烈的氧化反应，氧气被迅速消耗，生成了二氧化碳和一氧化碳，温度逐渐升高到最大值。

还原层区域：在氧化层以上氧气基本消耗完毕，烟气中的二氧化

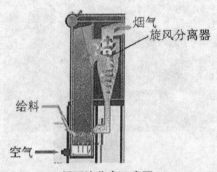

循环流化床示意图

碳和木炭相遇，二氧化碳和碳反应，生成一氧化碳，烟气中二氧化碳逐渐减少，一氧化碳不断增加。由于是吸热反应，温度将逐渐下降。

温度在还原层上部逐渐降低，还原反应也逐渐停止。再向上则分别为干馏、干燥和新燃料层。生物质投入炉中形成新燃料层，然后加热干燥，析出挥发分，形成木炭。

层燃烧技术的种类较多，其中包括固定床、移动炉排、旋转炉排、振动炉排和下饲式等，可适于含水率较高、颗粒尺寸变化较大及灰分含量较高的生物质，具有较低投资和操作成本。

（五） 生物质流化床燃烧

流化床是基于气固流态化的一项技术，其适应范围广，能够使用一般燃烧方式无法燃烧的石煤等劣质燃料、含水率较高的生物质及混合燃料等，此外，流化床燃烧技术可以降低尾气中氮与硫的氧化物等有害气体含量，保护环境，是一种清洁燃烧技术。

燃料在流化床中的运动形式与在层燃炉和煤粉炉中的运动形式有着明显的区别，流化床的下部装有称为布风板的孔板，空气从布风板下面的风室向上送入，布风板的上方堆有一定粒度分布的固体燃料层，为燃烧的主要空间。流化床一般采用石英砂为惰性介质，依据气固两相流理论，当流化床中存在两种密度或粒径不同的颗粒时，床中颗粒会出现分层流化，两种颗粒沿床高形成一定相对浓度的分布。占份额较小的燃料颗粒粒径大而轻，在床层表面附近浓度很大，在底部的浓度接近于零。在较低的风速下，较大的燃料颗粒也能进行良好的流化，而不会沉积在床层底部。料层的温度一般控制在 800℃ ~ 900℃ 之间，属于低温燃烧。

（六） 生物质燃烧技术未来发展

目前，在高效燃烧、热电联产、过程控制、烟气净化、减少排放量等技术领域，已经在广泛地应用生物质燃烧技术，生物质燃烧技术在减少投资、降低运费等方面也在进行着相关的研究。

拿热电联产领域而言，如今又出现了热、电、冷联产，热指的是热电厂的热源，再加上采用溴化锂吸收式制冷技术提供的冷水进行空调制冷，一定程度上空调制冷的用电量就会大大的减少；而热、电、气联产中，干馏炉中热源的来源是以循环流化床分离出来的800℃～900℃的灰分，用干馏炉中的新燃料析出挥发分生产干馏气。

流化床技术仍然是生物质高效燃烧技术的主要研究方向，我国有着丰富的生物质资源，而且绝大多数人口居住在广大的乡村和小城镇中，秸秆、稻草等生物质原料是农村居民日常生活的主要能源来源，对这些生物质能进行直接燃烧仍是目前比较普遍的用能方式。因此开发研究高效的燃烧炉、提高使用热效率就显得尤为重要，这样既减少了有效资源的浪费又防止了环境污染。

生物质热电设备

如今乡镇企业兴起，在带动了农村经济发展的同时，更加速了化石能源的消耗，而化石燃料中又以煤的消费量最大。开发生物质燃烧技术，取代燃煤在地方乡镇企业中地位就显得尤为重要。

将松散的农林剩余物进行机械分级处理，结合专用技术和设备加工成定型的燃料，在我国一定有较大的市场潜力。

> **贴士**
>
> 林业剩余物主要指 "三剩物"，即：采伐剩余物包括指枝、树梢、树皮、树叶、树根及藤条、灌木等；造材剩余物主要指造材截头；加工剩余物包括板皮、板条、木竹截头、锯沫、碎单板、木芯、刨花、木块、边角余料等。

生物质气化

生物质气化是一种热化学转换技术，是指利用空气中的氧气、含氧物质或水蒸气作为气化剂，将生物质中的碳转化成可燃气体的过程。可燃气中的主要成分有一氧化碳、氢气、甲烷、二氧化碳、氮气等，燃烧的成分是一氧化碳、氢气和甲烷。气态燃料比固态燃料在使用上具有许多优良性能：燃烧过程易于控制，不需要大的过量空气，燃烧器具比较简单，燃烧时没有颗粒物排放，仅有较小的气体污染。因此，生物质气化可将低品位的固态生物质转换成高品位的可燃气体，广泛应用于工农业生产的各个领域，如集中供气、供热、发电等。

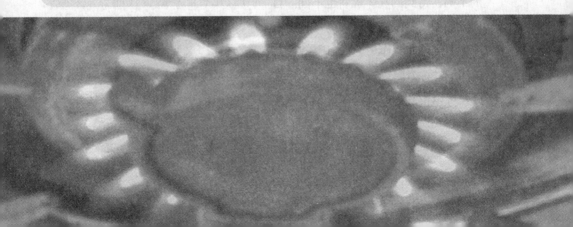

第一节 SHENGWUZHI QIHUA JISHU

生物质气化技术

以木炭为原料的气化反应器已有长期的应用，但因反应温度低，燃气质量差，焦油含量大等原因，使当时进一步推广受到限制。20世纪70年代初世界石油危机后，又重新开始开发生物质气化技术和相应的装备产品。1992年召开的第15次世界能源大会上，把生物质气化利用作为优先开发的新能源技术之一，反映了国际上对气化技术的认同。在该领域具有领先水平的国家有瑞典、美国、意大利、德国等。

一 什么是生物质气化

生物质气化是指固态生物质原料在高温下部分氧化的转化过程。该过程直接向生物质通气化剂（空气、氧气或水蒸气），生物质在缺氧的条件下转变为小分子可燃气体。所用气化剂不同，得到的气体燃料也不同。目前应用最广的是用空气作为气化剂，产生的气体主要作为燃料，用于锅炉、民用炉灶、发电等场合。通过生物质气化可以得到合成气，可进一步转变为甲醇或提炼得到氢气。

生物质热解气化技术首次进行商业化应用可以追溯到1833年，由于当时的技术水平有限，只能经过气化器来生产制造可燃气，原料为木炭，其用途仅限于驱动内燃机。20世纪70年代的世界能源危机，让发达国家又重新重视起了生物质气化技术和相应的装置的研发，以寻找化石燃料的替代能源，来减轻环境污染和所面临的能源危机。生物质气化反应不需要较高的温度，这样就解决了生物质燃料燃烧过程中的很多难题，因此将气化技术用于生物质原料的转化非常适合。

生物质气化的基本原理是：所

生物质气化工程的秸秆气化机组

谓气化是指将固体或液体燃料转化为气体燃料的热化学过程。为了提供反应的热力学条件,气化过程需要供给空气或氧气,使原料发生部分燃烧。尽可能将能量保留在反应后得到的可燃气中,气化后的产物是含氢气、一氧化碳及低分子碳氢化合物等可燃性气体。

随着气化装置类型、工艺流程、反应条件、气化剂种类、原料性质等条件的不同,反应过程也不相同,但是这些过程的基本反应包括固体燃料的干燥、热解反应、还原反应和氧化反应四个过程。

1. 干燥过程

生物质原料进入气化器后,首先被干燥。在被加热到100℃以上时,原料中的水分首先蒸发,产物为干原料和水蒸气。

2. 热解过程

温度升高到300℃以上时开始发生热解反应。热解是高分子有机物在高温下吸热所发生的不可逆裂解反应。大分子碳氢化合物析出生物质中的挥发物,只剩下残余的木炭。热解反应析出挥发分主要包括水蒸气、氢气、一氧化碳、甲烷、焦油及其他碳氢化合物。

3. 氧化过程

热解的剩余物木炭与被引入的空气发生反应,同时释放大量的热以支持生物质干燥、热解及后续的还原反应进行,氧化反应速率较快,温度可达1000℃~1200℃,其他挥发分参与反应后进一步降解。

4. 还原过程

没有氧气存在,氧化层中的燃烧产物及水蒸气与还原层中木炭

木炭燃烧的强氧化反应

发生还原反应，生成氢气和一氧化碳等。这些气体和挥发分组成了可燃气体，完成了固体生物质向气体燃料的转化过程。还原反应是吸热反应，温度将会降低到700℃~900℃。

二 不同种类的生物质气化

从不同的角度，对生物质的气化技术进行了不同的分类。以燃气生产机理为标准，有热解气化和反应性气化两种分类；以气化剂的不同为标准，有干馏气化、空气气化、水蒸气气化、氧气气化、氢气气化物种分类；以气化反应设备的不同为标准，有固定床气化、流化床气化和气流床气化三种分类。像低热值燃气、中等热值燃气和高热值燃气三种不同热值的气化产品，是生物质在气化过程中由于使用不同的气化剂、采取不同的运行条件而得到的不同热值的燃气。

1. 空气气化

以空气为气化介质的气化过程中，通过氧化还原反应释放出大量的热量，这些热量可以作为热分解与还原过程的热量，由此使得整个气化过程形成一个自供热系统。但

生物质气化设备

由于空气中含有79%的氮气在气化过程中不参加任何气化反应，这部分氮气稀释了燃气中可燃组分的含量，使燃气的热值在一定程度上降低，降低的热值平均立方米可达5兆焦左右。空气气化在所有气化过程中最简单，首先空气易取易得，在气化过程中不需要提供其他热源，是最易实现的气化形式，一系列的优点使得空气气化技术应用较普遍。

生物质化气燃烧效果

2. 氧气气化

向生物质燃料提供一定量的氧气，在氧气的作用下，让生物质燃料进行氧化还原反应，产生没有隋性氮气的可燃气体，与空气气化相比，反应温度与应速率都得到进一步的增强，反应器容积减小，热效率便进一步的提高，气化气热值在原来的基础上提高至少一倍，这就是氧气气化。氧气气化产生的燃气热值与城市煤气产生的燃气热值没有什么差别，在相同的反应温度下，氧气气化与空气气化相比，耗氧量少，当量比降低，气体质量也进一步提高。在氧气气化中，氧气的供给量不能无所限制，既要兼顾生物质全部反应所需要的热量，又要避免生物质同过量的氧反应生成过多的二氧化碳，一氧化碳、氢气及甲烷等是氧气气化后生成的可燃气体的主要成分，按照热值的高低来分属于中热值气体，每立方米的热值大约是15000千焦。

3. 水蒸气气化

水蒸气气化是指水蒸气同高温下的生物质发生反应，它不仅包括水蒸气碳的还原反应，尚有一氧化碳与水蒸气的变换反应，各种甲烷化反应，及生物质在气化炉内的热分解反应等，其主要气化反应是吸热反应过程，因此，水蒸气气化的热源来自外部热源及蒸汽本身热源，典型的水蒸气气化所得气体为中热值气体。水蒸气气化的热源来自外部热源及蒸汽本身热源，但反应温度不能过高，该技术较复杂，不宜控制和操作。

水蒸气气化经常出现在需要中热值气体燃料而又不使用氧气的气化过程，如双床气化反应器中有一个床是水蒸气气化床。

4. 空气（氧气）—水蒸气气化

将氧气和水蒸气同时作为气化质的气化过程就是水蒸气—氧气的混合气化。理论上而言，氧气—水蒸气气化与单独的氧气气化或水蒸气气化相比，显得更为优越。首先，自供热系统取代外供热源，大大简化了气化过程；其次，水蒸气可以提供一定量的气化所需氧气，不但降低了氧气消耗，而且还能生成更多的氢气及碳氢化合物，再加上催化剂的加速反应，使得大部分一氧化碳变成二氧化碳，降低了气体中一氧化碳的含量，使气体燃料更适合于用作城市燃气。

5. 热分解气化

热分解气化是在完全无氧或只提供极有限的氧使气化不至于大量发生情况下进行的生物质热降解，可描述成生物质的部分气化。它主要是生物质的挥发分在一定温度作用下产生挥发，生成四种产物：固体炭、木焦油和木醋液和气化气。

生物质气化供应的城市燃气

贴士

木醋液的主要成分是醋酸，与食醋的成分和色调极为相似，简单的说就是把木头烧成木炭的过程中冒出的烟气自然冷却液化而得到的。因此木醋液是把树木炭化，将其能量转换成气体再自然冷却成浓缩液体而成。

按热解温度可分为低温热解（600℃以下），中温热解（600℃~900℃）和高温热解（900℃以上）。气化气为中热值气体。产物成分比例大致为木焦油5%~10%，木醋液30%~35%，木炭28%~30%，可燃气25%~30%。由于干馏是吸热反应，应在工艺中提供外部热源以使反应进行。

6. 加氢气化

氢气气化是使氢气同碳及水发生反应生成大量的甲烷，其反应条件苛刻，需在高温高压且具有氢源的条件下进行。其气化气属高热值气化气，此类气化不常应用。

（三）　生物质气化影响因素

气化反应是复杂的热化学过程，受很多因素的影响，除前面介绍的气化设备、气化介质外，物料特性、反应温度、升温速率、反应压力和

催化剂等也是影响气体成分及热值的重要因素。

1. 原料

在气化过程中，生物质物料的水分、灰分、颗粒大小、料层结构等都对气化过程有着显著影响，原料反应性的好坏，是决定气化过程可燃气体产率与品质的重要因素。

2. 温度

温度是影响气化性能的最主要

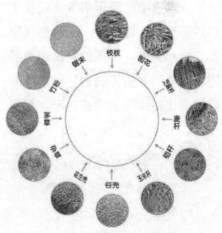

生物气化的主要燃料

参数，温度对气体成分、热值及产率有着重要的影响。温度对气体中焦油的含量也有显著的影响。

3. 压力

从结构上分析，在生产能力不变的情况下，当压力提高时气化炉的容积随之缩小，剩余流程的设备也可减小尺寸，从而达到较好的净化效果。进一步提高压力达到 35～40 兆帕时，即在超临界状态下气化，可以得到氢体积分数为 40%～60% 的高热值可燃气体。目前流化床技术都在朝着高压方向发展，但是高压流化床技术增加了对设备及其维护的要求。

4. 升温速率

升温速率显著影响气化过程中的热解反应，而且温度与升温速率是直接相关的。不同的升温速率对应着不同的热解产物和产量。按升温速率快慢可分为慢速热解、快速

焦油

热解及闪速热解等。流化床气化过程中的热解属于快速热解，升温速率为每秒 500℃～1000℃，此时热解产物中焦油含量较多，因此需要考虑催化裂化或热裂化以脱除焦油。

5. 催化剂

催化剂是在气化过程中的作用是影响着燃气的组成与焦油含量，催化剂既提高了气化反应的速度，又加速了对燃气里面焦油的裂解，焦油裂解后能够生成更多小分子气体组分，提升产气率和热值。在气化过程中金属氧化物和碳酸盐催化剂的应用，提高

贴士

白云石是碳酸盐矿物，分别有铁白云石和锰白云石。它的晶体结构像方解石，常呈菱面体。方解石是一种碳酸钙矿物，天然碳酸钙中最常见的就是它，敲击方解石可以得到很多方形碎块，故名方解石。

了气化产气率与可燃组分浓度。在生物质气化过程中，适合的催化剂主要有白云石、镍基催化剂、高碳烃或低碳烃水蒸气重整催化剂、方解石、菱镁矿以及混合基催化剂。

四　生物质材料气化特点

生物质作为气化原料，尽管在气化过程中存在排放氮氧化物以及产生焦油和芳香族气体的缺点，但比化石型燃料（煤、石油）具有许多优越性。

1. 挥发性份额高

其挥发性份额一般为70%~80%。当温度较低时（小于400℃），大部分挥发份额即可被释放出来，而煤炭则需远高于此温度才可使其中30%挥发份额释放出来。

2. 生物质炭的反应活性高

在较低温度下，生物质炭能在较低气压下、较短时间内，以较快速度与二氧化碳、水蒸气进行气化反应，而煤炭类燃料只能有20%（甚至更少）被气化。

3. 生物质炭分少

除稻壳外，生物质的炭分一般

稻壳的碳制品

不足3%，其炭分不黏结，简化了煤气发生炉的去炭设备。

4. 生物质含硫低

生物质中含硫量常小于0.2%，气体脱硫装置简便，能有效降低设备成本，为环境友好型燃料资源。

综上所述，生物质气化技术是一种热化学处理技术，它将固态生态生物质原料通过热化学反应转换成方便、清洁的可燃性气体。其基本原理为生物质通过加热，使高分子量的有机碳氢化合物链产生断裂，转变成较低分子量的烃类、一氧化碳和氧气等，改变了原有的原料形态，使用更加简便，能量转换效率比直接燃烧固态生物质有较大提高。

第二节　SHENGWUZHI QIHUA ZHUANGZHI
生物质气化装置

生物质的气化反应发生在气化装置里，气化装置是气化反应工程的主体设施，在该装置内生物质完成气化过程并转化为生物质燃气。根据运行方式的不同，气化炉分为固定床气化炉和流化床气化炉，同时，根据气流运动方向及流化速度的不同，又各自分为若干不同类型的气化装置或设施。

一　固定床气化炉

目前，较为流行的固定床气化炉内物质是在相对静止的床层中完成干燥、热解、氧化和还原。根据气流运动方向的不同，这类气化炉有下吸式、上吸式和横吸式三种。

1. 上吸式固定床气化炉

这种气化炉运行时，生物质由上部加料装置进入炉体，然后依靠自身重力下落，再由上部流动的热气流对其烘干，析出挥发组分，其原料层及灰渣层由下部的炉箅所支撑，反应后残余的灰渣从炉箅下方排出。气化剂则由下部的送风口进入。

通过炉箅的缝隙均匀地进入灰渣层，被灰渣层预热后与原料层接触并发生气化反应，所产生的生物质燃气从炉体的上方被引出。该类气化炉（装置）的主要特点是气体的流动方向与物料进入方向相反，故又称逆向气化炉。

上吸式固定床气化炉

鉴于该类气化炉中的原料干燥层和热解层在炉内所处的空间位置可充分利用还原反应气体的余热，可燃性气体在出口处的温度可降低至300℃以下，故上吸式气化炉的热效率高于其他种类的固定气化炉。此外，这种气化炉在对生物质气化过程中也可加入一定量的水蒸气，使其提高燃气中的含氢量及燃气热值。但因上吸式气化炉燃气中的焦油含量较高，需对燃气作进一步净化处理。

2. 下吸式固定床气化炉

该类气化炉的特点在于气化剂流向和生物质进料的方向相同，故又称顺流式气化炉。下吸式气化炉通常设置高温喉管区，气化剂从喉管区中部偏上的位置喷入，生物质在炉内的喉管区发生气化反应，可燃气从下部被析出。下吸式气化炉的热解产物必须通过炽热的氧化层，故挥发组分中的焦油可得到充分分解，燃气中的焦油含量比上吸式气化炉显著减少。该类气化炉对较干燥的块状物料（含水量小于30％、灰分小于1％）以及含有少量较粗糙颗粒的混合物料的气化较

下吸式固定床气化炉

适合，装置的结构较简单，运行方便可靠。鉴于下吸式气化炉燃气中的焦油含量较低，特别受到小型发电企业的青睐。

下吸式固定床气化炉的炉身通常为圆筒形，由钢板焊接而成，气化室采用耐火材料以防止烧损炉体。炉内装有炉箅、风道和风嘴，炉外上下分别设有加料口和渣灰口。

燃料从加料口送入，用炉箅托住，引燃后密封，当向炉内鼓风时即可产生燃气。鉴于物理条件的局限性，这种气化炉的直径不能太大，一般处理生物质的上限为500千克/小时，发电量仅为500千瓦。

值得一提的是，还有一种被称作开心式固定床气化炉，采用转动炉栅替代高温喉管区，它是由我国自主研制而成的，主要应用于稻壳

的气化。现已进入商业化运行阶段。

3. 横吸式固定床气化炉

该类气化炉的特征是将空气由侧向送入，原料由顶部落下，产生的气体从侧面流出，气体通过气化区。一般适用于含木炭量和含灰量较低的物料的气化。原料由炉顶部

固定床气化炉

落下后经干燥区加热干燥后进热分解区发生氧化反应、还原反应和气化反应，产生的可燃气从电炉体侧面出口处输出。

（二）流化床气化装置

流化床气化装置是开发时间不长的一种气化设备，具有一个热砂床，生物质的燃烧与气化均在流态化的热砂底中进行。目前大多数该类装置选择用惰性材料（石英砂）作为流化介质。气化前，先使用辅助燃料（如燃油或天然气）燃烧加热床料，然后将生物质送入流化床与气化剂进行气化反应，在此过程中所产生的焦油也可在流化床内分解。流化床原料的颗粒度较小，以便气固两相能充分接触反应，提高反应速度和气化效率。若采用秸秆作为气化原料，因灰渣中不能燃烧的组分熔点低，易产生床结渣而失去流化作用，因此，运行温度需严格控制在 700℃ ~ 800℃。

因流化床气化炉供应生物质材料方式的不同，可将其分为鼓泡床气化炉，循环流化床气化炉，双床气化炉和携带床气化炉。

1. 鼓泡床气化炉

鼓泡床气化炉是最基本、最简便的气化炉，只设一个反应器，气化后所生成的可燃性气体直接进入净化系

流化床气化炉局部

统，该类气化炉硫化速度较慢，只适用于颗粒度较大的物料的气化。因此，存在飞灰和炭颗粒夹带严重等问题，一般不适用小型气化系统。

2. 遁环流化床气化炉

循环流化床气化炉与鼓泡床气化炉相比，具有一定的优越性，循环流化床气化炉的气化出口处设有旋风分离器（又称袋式分离器），加快了循环流化床气化炉的流化速度。旋风分离器对产出的气体中的大量固体颗粒进行分离，固体颗粒经预热后重新返回流化床继续进行气化过程，碳素的转化率提高。循环流化床气化炉的反应温度通常控制在700℃～900℃，适用于颗粒度较小的物料的气化。

3. 双床气化炉

双床气化炉分为两个组成部分，即第一级反应器和第二级反应器。生物质在第一级反应器内发生裂解反应，所产生的可燃气被送至净化系统，而生成的炭颗粒被送至第二级反应器。在第二级反应器中炭进行气化燃烧反应，使床层温度升高，经过加热的高温床层材料通过料脚返回第一级反应器，从而保障第一级反应器的热源，双流化床气化炉对碳的转化率也提高。

4. 携带床气化炉

携带床气化炉为一种从鼓式、循环及双床气化炉中派生出的新型气化炉，它能不使用惰性材料作为流化介质，而由气化剂直接吹动生物质，依靠气流输送原料。该气化炉要求原料被破碎成很小的颗粒，

生物质气化设备局部

焦油又称煤膏，是煤干馏过程中得到的一种黑色或黑褐色粘稠状液体，具有特殊的臭味，可燃并有腐蚀性。生物质的燃烧中也会产生焦油，吸烟者使用的烟嘴内积存的一层棕色油腻物，即烟焦油，俗称烟油。

气化温度高至 1100℃ ~ 1300℃。产出气体中的焦油成分及冷凝物含量很低，碳转化率可达 100%，然而这种气化炉却因运行温度高，易导致焦油与灰渣烧结，故这种气化炉选择何类适合的生物质进行气化较难掌握。

5. 硫化床气化的优点

（1）燃料适应性广

流化床类气化装置内采取气体与固体（燃料及热载体）产生高速度差的方式进行混合，加速热与质量的传递，使投入的燃料被迅速加热，从而使床内整体温度较均匀，消除"死区"，提高了反应速率。流化床气化原理首先被应用于劣质煤的燃烧，经过较长时间应用，显示了较好的性能，并被扩大到物化性质差异较大的生物质燃料中，使密度与煤相近的成型生物质燃料也能在该类流化床气化炉上应用。

（2）燃料利用率提高

该类气化炉产生的燃气夹带出反应区的物质，经分离后不仅能被重新利用，而且一旦混合充分，即刻使生物质的燃烧效率提高到 94%，甚至更高。

（3）降低污染排放

固定床式气化系统排出的洗涤水废渣对环境的毒害不可忽视，如稻壳燃烧洗涤水中含有苯、萘及它们的衍生物等，而流化床式气化炉排出的生物质燃气的洗涤水，其芳香族化合物含量明显减少，显示了该类气炉开发应用的潜力。

流化床气化炉多适用于连续运行，但因该类气化对环境有污染性，若应用于生物质的气化需将燃料进行处理，形成一定的规格过小的材料，特别是对熔点低的生物质燃料气化过程床温控制，由于所生成灰分焦油的存在烧结现象和氮氧化物的排放问题，因此在其应用上尚有一定难度。

流化床气化炉

生物质气化的综合利用

　　生物质气化是一项古老的技术，生物质气化的首次商业运用可以追溯到 1833 年，当时以木炭作为原料，经过气化器产生可以燃料的气化，这种气体被益用于早期汽车和一些农业灌溉机械的内燃机驱动。在二战期间，生物质气化技术曾达到鼎盛时期。现今，生物气化技术已经融入了高科技，并有了新的应用。

一　生物质气化供热

　　在燃气直接燃烧应用的各个方面中，对其进行气化供热是一个主要方面。生物质也可进行气化供热，将生物质经过气化炉气化后，生成的生物质燃气直接送入下一级燃烧器中燃烧，为终端用户提供热能。生物质气化供热系统主要由气化炉、滤清器、燃烧器、混合换热器及终端装置组成，在该系统中，经过气化炉产生的可燃气可在下一级燃气锅炉中直接进行燃烧，对气体净化和冷却系统的要求不高，系统构造简单而且热利用率较高。在气化炉的诸多分类中，以上吸式气化炉为主，燃料适应性较广。

　　生物质气化供热技术的应用范围广泛，主要集中在区域供热和木材、谷物等农副产品的烘干等领域。用生物质气化供热技术烘干与常规木材烘干技术相比，不但缩短了烘干周期，降低了成本，而且

生物质气化供热设备

有点众多，如：升温快、火力强、干燥质量好。

二 生物质气化发电

生物质气化发电技术主要是以生物质转化后的可燃气为燃料，来推动燃气发电设备进行发电。生物质气化发电技术既解决了生物质难于燃烧、分布分散的难题，又使得燃气发电技术设备紧凑而且污染少的优点得到了很好地发挥，所以气化发电是生物能最有效最洁净的利用方法之一。

生物质气化发电几乎不排放任何有害气体，在利用方式上与燃烧发电相比更为洁净。目前已进入小规模商业化示范阶段的生物质气化发电技术，投资少，发电成本低，适合在生物质分布比较分散的发展中国家利用。

气化发电过程包括三个方面：一是生物质气化；二是气体净化；三是燃气发电。生物质气化发电技术具有三个方面的特点：一是技术有充分的灵活性，二是具有较好的洁净性，三是经济性。

生物质气化发电系统从发电规模可分为小规模、中等规模和大规模三种。小规模生物质气化发电系

生物质整体气化联合循环发电厂设备

统适合于生物质的分散利用，具有投资小和发电成本低等特点，已经进入商业化示范阶段。大规模生物质气化发电系统适合于生物质的大规模利用，发电效率高，已进入示范和研究阶段，是今后生物质气化发电主要发展方向。

生物质气化发电技术按燃气发电方式可分为内燃机发电系统、燃气轮机发电系统和燃气－蒸汽联合循环发电系统。生物质整体气化联合循环工艺，是大规模生物质气化发电系统重点研究方向。整体气化联合循环由空分制氧、气化炉、燃气净化、燃气轮机、余热回收和汽轮机等组成。

三 生物质气化集中供气

生物质气化集中供气技术作为一项新的生物质能源利用技术，20世纪90年代以来在我国得到发展。固体生物质原料在农村分布广泛，由生物质原料转化而来的可燃气体，在高效利用秸秆资源，减轻环境污染，促进农民生活方式进步等方面正在发挥着积极的作用。经过近几年的不断推广发展，逐渐成为我国农村能源的一项新兴技术。

生物质气化集中供气系统属于小型燃气发生和供应系统，以数十户至数百户的自然村为单元。该系统将各种固体生物质原料进行气化，

大型生物质气化设备

转换成低热值的可燃气体后，通过管网输送到村庄居民家中，进行烧菜做饭。生物质气化集中供气系统由燃气发生系统、燃气输配系统、用户燃气系统三个系统组成。

燃气发生系统：燃气发生系统主要由原料预处理设备、气化器、燃气净化器和燃气输送机等设备组成，该系统的核心部分是气化器、燃气净化器和燃气输送机组成的生物质气化机组。该系统将固体生物质原料转变成干净的燃气，其基本工作过程为：在气化器中进行一系列热化学反应，将生物质燃料转变为粗燃气，粗燃气含一氧化碳、氢气等可燃成分，然后在净化器中除去粗燃气中含有的灰尘和焦油等杂质，再将燃气冷却到常温，由燃气输送机提升压力，将燃气打入储气柜。所有的设备放置在气化站机房内，需要经过专门培训的工人进行管理和操作。

燃气输配系统：燃气输配系统由储气柜、输气管网和管路附属设备组成。在该系统中，储气柜巨大的体积用来储存一定量的燃气，即使外界燃气负荷发生变化，储气柜也能保持稳定地供气。储气柜为输气管网和用户提供了恒定的压力，保证了燃气输配的均衡和用户燃气灶具的稳定燃烧。输气管网将储气柜中的燃气分配到系统所及的每家每户。输气管由主、干、支管等形成一个管网结构，管路上还要设置阀门、阻火器、集水器等附属设备，来保证管网稳定运行，为保证管网的安全问题，输气管特意设置在地下。

用户燃气系统：用户燃气系统包括用户室内燃气管道、阀门、燃气计量表和燃气灶。用户打开阀门，将燃气引入燃气灶并点燃，就可以方便地获得炊事能源。燃气灶的燃烧将燃气的化学能转换成热能，最终完成生物质能转换和利用的整个过程。

生物质气化燃气灶

第四章

Chapter

生物质热解

生物质热解是生物质在无空气等氧化气氛情形下发生的不完全热降解，以生成炭、可冷凝液体和气体产物的过程。热解是一种不可缺少的热化学转换过程，不仅仅因其是能产生高能量密度产物的独立过程，更因其是气化和燃烧等过程必须经历的步骤，同时热解特性对热化学的反应动力学及相关反应器的设计和产物分布具有决定性的影响。

第一节　RENSHI SHENGWUZHI REJIE

认识生物质热解

通常热解与气化等方式区分并不严格，只不过与气化相比热解所需的反应温度较高，其目的是为了最大化气体产物的产量，而热解更注重炭和液体的生成。

一　生物质热裂解

生物质热裂解液化需要的条件是：500℃～650℃的中温、每秒104℃～105℃的高加热速率、和小于2秒的极短气体停留时间。在该种条件下将生物质直接热解，产物经快速冷却，使中间液态产物分子在进一步断裂生成气体之前冷凝，得到高产量的生物质液体油。生物油存储和输运的简易，不需要产品的就地消费，成为该技术最大的优点，得到了国内外的广泛关注。

生物质热裂解液化反应产生的生物油，可以制成燃料油和化工原料，但需要经过进一步的分离和提取后才可制得；气体可以作为工业或民用燃气，根据其热值的高低可单独使用，也可与高热值气体混合使用；生物质炭还可用作活性剂等。

在热裂解反应过程中，会发生一系列的化学变化和物理变化，前者包括一系列复杂的化学反应（一级、二级），后者包括热量传递和物质传递。热量首先被传递到颗粒表面，再传递到颗粒的内部。生物

生物质热裂解设备

质颗粒的加热是在热裂解过程中，由外至内逐层进行的，一旦加热后便迅速分解成木炭和挥发分。挥发分由可冷凝气体和不可冷凝气体组成，可冷凝气体经过快速冷凝得到生物油。一次裂解反应生成了生物质炭、一次生物油和不可冷凝气体。在多孔生物质颗粒内部的挥发分还将进一步裂解，形成不可冷凝气体和热稳定的二次生物油。挥发分气体的裂化分解还没有完成，还要进行二次裂解反应，当挥发分气体离开生物颗粒的同时，也穿越了周围的气相组分，再进一步进行裂化分解。生物质热裂解过程最终形成生物油、不可冷凝气体和生物质炭。

反应器内的温度越高且气态产物的停留时间越长，二次裂解反应就越严重。为了得到高产率的生物油，需快速去除一次热裂解产生的气态产物，以抑制二次裂解反应的发生。

与慢速热裂解产物相比，快速热裂解的传热过程发生在极短的原料停留时间内，强烈的热效应导致原料极迅速地多聚化，不再出现一些中间产物，直接产生热裂解产物，而产物的迅速淬冷使化学反应在所得初始产物进一步降解之前终止，

生物质热裂解制油设备

从而最大限度地增加了液态生物油的产量。

二 生物质热裂解过程

一般生物质热裂解液化的过程包括物料的干燥、粉碎、热裂解、产物炭和灰的分离、气态生物油的冷却和收集等步骤。

1. 干燥

为了避免原料中过多的水分被带到生物油中，对原料进行干燥是必要的。一般要求物料含水率在10%以下。

2. 粉碎

为了提高生物油产率，必须有很高的加热速率，故要求物料有足够小的粒度。不同的反应器对生物质粒径的要求也不同，旋转锥所需生物质粒径小于200微米，流化床

要小于 2 毫米，传输床或循环流化床要小于 6 毫米，烧蚀床由于热量传递机理不同，可以采用整个的树木碎片。但是，采用的物料粒径越小，加工费用越高，因此，物料的粒径需在满足反应器要求的同时，与加工成本综合考虑。

3. 热裂解

热裂解生产生物油技术的关键在于要有很高的加热速率和热传递速率、严格控制的中温以及热裂解挥发分的快速冷却。只有满足这样的要求，才能最大限度地提高产物中油的比例。在目前已开发的多种类型反应工艺中，还没有最好的工艺类型。

4. 炭和灰的分离

实现分离炭的同时也分离了灰，因为几乎所有生物质中的灰都存在于产炭中。生物油的部分应用需要炭，在加上要实现炭与生物油的分

生物质中的碳

离较困难。而且炭在二次裂解中起催化作用，在液体生物油中存在的炭容易产生不稳定因素，因此，对于要求较高的生物油生产工艺，必须快速彻底地将炭和灰从生物油中分离。

5. 气态生物油的冷却

热裂解挥发分由产生到冷凝阶段的时间及温度影响着液体产物的质量及组成，热裂解挥发分的停留时间越长，二次裂解生成不可冷凝气体的可能性越大。为了保证油产率，需快速冷却挥发产物。

贴士

所谓粒径，并不是把一个颗粒磨成球形，而是指当被测的颗粒的某种物理特性或物理行为与某一直径的相同材质的球体最为相近时，就把后面这个球体的直径作为被测颗粒的等效粒径。

6. 生物油的收集

生物质热裂解反应器的设计除需保证温度的严格控制外，还应在生物油收集过程中避免由于生物油的多种重组份的冷凝而导致反应器堵塞。

三 生物质热解反应器

在生物质热解的各种工艺中，不同的研究者采用了多种不同的试验装置和技术路线，然而在所有热解系统中，热解反应器都是其主要设备，因为反应器的类型及其加热方式的选择在很大程度上决定了产物的最终分布，所以反应器类型的选择和加热方式的选择是各种技术路线的关键环节。

应用于生物质热解的反应器具有加热速率快、反应温度中等、气相停留时间短等共同特征。综合国外介绍的生物质热解制油反应器，主要可按生物质的受热方式分为三类。

1. 机械接触式反应器

通过灼热的反应器表面，直接或间接地与生物质接触，是这类反应器的共同点，通过这种方式，将热量传递到生物质，加快升温从而达到快速热解的目的。其热量传递的方式为热传导、辐射、对流传热，其中热传导是主要的，辐射和对流传热是次要的。这种反应器中最具代表性的有烧蚀热解反应器、丝网热解反应器、旋转锥反应器等。

2. 间接式反应器

依靠高温的表面或热源提供生物质热解所需的热量，是这类反应器的主要特征。热传递的方式主要是热辐射，而流传热和热传导则居于次要地位，这种反应器中最具代表性的是热天平。

3. 混合式反应器

借助热气流或气固多相流对生物质进行快速加热，是这类反应器的主要特征。热传递的方式主要是

生物质热解技术制成的生物油半成品

生物质热解反应器

对流换热，热辐射和热传导有时也起着不可替代的作用，这种反应器中最具代表性的是流化床反应器、快速引射床反应器、循环流化床反应器等。

除了上述在常压下运行的反应器外，真空热解制油技术也能取得较高的生物油产量，该技术是在较低加热速率下进行的。目前进行的生物质热解制油技术研究中，针对机械接触式反应器和混合式反应器的研究工作开展得相对较多，并已经得到了初步的成果，这些反应器的成本较低且适宜规模化大型利用，未来在工业上投入实际应用的可能性非常大。

（四）快速热解反应器举例

世界各国通过反应器的设计、制造及工艺条件的控制，开发了各种类型的快速热解工艺。几种有代表性的反应器如下。

1. 烧蚀涡流反应器

美国可再生能源实验室（NREL）研制出最新的烧蚀涡流反应器。反应器正常运行时，生物质颗粒需要用速度为 400 米 / 秒的氮气或过热蒸汽流引射（夹带）沿切线方向进入反应器管，生物质在此条件下受到高速离心力的作用，生物质颗粒在受热的反应器壁上受到高度烧蚀，烧蚀后，颗粒留在反应器壁上的生物油膜迅速蒸发，如果生物质颗粒没有被完全转化，可以通过特殊的固体循环回路进行循环反应。在 1995 年，该实验室在原来的基础上进行了改进，改进后的试验系统可获得更为优质的生物油。主要是因为安装了热蒸汽过滤设备，

快速热解反应器

成功地防止了微小的焦炭颗粒在裂解气被冷凝过程中混入生物油，同时这也使得油中的灰分含量变低，并且碱金属含量减少。这套系统所生成油的产量在67%左右，但该油中氧含量较高。

2. 真空热解反应器

加拿大拉瓦尔大学设计了生物质真空热解装置，用以完善反应过程和提高产量，并且把这个反应器大型化，这套系统已经进行商业化运行。物料干燥和破碎后进入反应器，物料送到两个水平的金属板，金属板被混合的熔融盐加热且温度维持在530℃左右，熔融盐是通过一个靠在热解反应中产生的不可凝气体燃烧提供热源的炉子来加热。另外，合理地使用电子感应加热器以保持反应器中的温度连续稳定，物料中的有机质加热分解所产生的蒸汽依靠反应器的真空状态很快被带出反应器，挥发分气体直接输入到两个冷凝系统：一个是收集重油，一个收集轻油和水分。通过这套系统得到的比较典型的和物料有关的热解产物是47%的生物油、17%的裂解水、12%的焦炭、12%的不可凝热解气。该系统最大的优点是真空下一次裂解产物很快移出反应器从而降低了挥发分的裂化和重整等，减少了裂解气二次反应的概率。不过，该反应器所需要的真空需要真空泵的正常运作以及很好的密封性来保证，这就加大了成本和运行难度。

3. 旋转锥热解反应器

旋转锥热解反应器是一个比较新颖的反应器，它巧妙地利用了离心力的原理，成功地将反应的热解气和固体产物分离开来。其特点是：升温速率高、固相滞留期短、气相滞留期小。

4. 流化床热解反应器

20世纪80年代，一所加拿大大学，为了找到生物质热解制油的最大产量，研发出了大气压流化床

贴士

真空泵是用各种方法在某一封闭空间中产生、改善和维持真空的装置。按真空泵的工作原理，真空泵基本上可以分为两种类型，即气体传输泵和气体捕集泵。

热解工艺。当挥发分在该反应器中停留时间在 0.5 秒时，油的产量可达 60% 左右。将风干的生物质进行锤磨，筛选出小于 595 微米的颗粒。通过可变速双螺旋给料传送器的传送，使料斗中的生物质颗粒处于给料器的末端，循环的产物气体对这些生物质颗粒进行吹扫，颗粒便被送入反应器中。反应器的床料是砂子，流化气体是循环着的产物气体，电加热器将管路里的循环气体进行预热，使得反应器上的加热线圈也产生热量，这种所产生的额外的热量将被添加到流化床或净空空间，得到合理的利用。反应器将热解产物和生成的炭吹扫到旋分器中，旋分器将炭分离出来，产物气和蒸气也被通到两个不同温度的冷凝器中。第一个冷凝器操作温度为 60℃，第二个冷凝器含有冷却介质，

流化床热解装置

该冷却介质是 0℃ 的冰水。过滤器会对气体进行一系列过滤，除去气体中的焦油烟雾，再将气体输送到循环压缩机，从循环压缩机分取一股调节气量，该调节气量既到流化反应器中其调节作用，也输送生物质到达反应器中，过量的气体经气体在经过气体分析和作为产物计量后放掉。在反应温度达到 500℃ 时系统液体的产量最大，这与减少在低温时的二次分解反应有关，油中氧含量比较高，一般在 38% 左右。当然流化床热解也还有一些问题，例如焦炭的磨损比较严重，需要对生物油有一个后续的处理以减小油中的焦炭含量；一般的流化床都是采用稀相流化传热，所以传热速率不是很高。

五　影响热裂解的因素

生物油、不可冷凝气体及木炭是生物质热裂解产物的主要成分。生物质热裂解过程和产物的组成受一系列因素的影响，普遍认为这些影响因素是温度、固体相挥发物滞留期、颗粒尺寸、生物质组成和加热条件等，而且是最主要的因素。要促进挥发物和气态产物加速形成，

可以提高温度，延长固相滞留期。生物质直径越大，在一定温度下达到一定转化率所需的时间也就越长。原因是挥发物与炽热的炭会发生二次反应，所以热裂解过程受挥发物滞留时间长短的影响。加热条件的变化可以改变热裂解的实际过程及反应速率，从而影响热裂解产物生成量。

1. 热裂解的最终温度

温度的高低和加热速度的快慢，直接影响着生物质热裂解最终产物中气、油、炭各占的比例，科学实验证明，生物质热裂解产物的组成、不可冷凝气体的组成，受温度的影响很大。

要想最大限度地增加炭的产量，可以进行低温、长滞留期的慢速热裂解，其质量产率和能量产率的质量分数可分别达到30%和50%；要想生物油、不可冷凝气体和炭的产率基本相等，可以将温度控制在600℃以下，进行中等反应速率的常规热裂解；要想增加生物油的产量，可以将温度控制在500℃～650℃范围内，进行闪速热裂解，其生物油产率可达80%；要想增加气体产物，

可以将温度控制在700℃以上，此时处于高反应速率和短气相滞留期的条件下，气体产率可达80%。当升温速率极快时，半纤维素和纤维素几乎不生成炭。

温度在不断地升高，木醋酸的组成也在不断地发生着变化。当温度介于270℃～400℃范围内时，木醋酸的组成变化大；当温度高于400℃时，木醋酸的组成变化不显著。当热裂解的温度限制在380℃～400℃之内时，是制取乙酸和甲醇的最佳温度条件。

2. 加热速度

加热速度对热裂解的各个阶段也有一定的影响。当加热速度增加时，焦油的产量将显著增加，而木炭产量则大大地降低。因此，如果

生物质热解设备

要最大限度增加木炭的产量，应采用低温、低传热速率（长滞留期）的慢速热裂解方式，其质量产率和能量产率分别可达30%和50%；而如果要尽最大可能获得生物油，则应采用具有较高传热速率的快速热裂解方式，生物油的产率可达到80%（质量分数）。

3. 气相滞留期

固体颗粒由于化学键断裂而分解的现象，常常发生在生物质被加热时，初始阶段的主要产物是挥发分。高分子产物，是挥发物在颗粒内部与固体颗粒和炭进一步反应的结果。当挥发物离开颗粒后，焦油和其他挥发产物还将发生二次裂解。要想使生物油产量达到最大，就要使得气相滞留期缩短，使挥发产物迅速离开反应器，减少焦油二次裂解的时间；反之，要想获得较高的炭产量，就要使得气相滞留期延长，将挥发产物保留在反应器内。

4. 压力

压力对生物质热裂解过程的影响较大。压力的大小将影响气相滞留期，从而影响二次裂解，最终影响热裂解产物的产量。在较高的压力下，挥发产物的滞留期增加，二次裂解较大；而在较低的压力下，挥发物可以迅速地从颗粒表面离开，从而限制了二次裂解的发生，增加了生物油产量。例如，木材在1.33帕的真空状态下热裂解时，几乎不释放出热量；而在3.15兆帕热裂解时，将释放出大量热量，可以认为一次产物进行二次、三次分解或聚合反应是放热的主要原因。对于热裂解产物，当压力升高时，蒸汽在设备中与木炭相接触的时间较长，将会增加木炭的产量，而降低焦油的产量。

5. 含水率

热裂解时间和所需热量受生物质水分含量的直接影响较大。如果进行热裂解时所需时间较长，热裂

贴士

化学键是指分子内或晶体内相邻两个或多个原子（或离子）间强烈的相互作用力的统称。高中给出的化学键定义是：使离子相结合或原子相结合的作用力通称为化学键。

解反应所需的热量也要增加，那一定是生物质含水率较高的缘故。当生物质含水率较低时，自然缩短了热裂解的时间，但生物质并不是越干燥越好。比如说当木材进行干馏时，较干的木材放热非常猛烈，使得木炭的产量和机械强度都会降低。

6. 原料的形态

木材的形态对木材干燥、热裂解过程、热裂解产物的产量和质量也有较大的影响。木材的导热性差，沿纤维方向的热导率比与纤维垂直方向的热导率大，此外树皮会妨碍热传导。因此，锯断、劈开及剥皮都可以加快木材干燥和热裂解进程。

7. 反应的气氛

木材在通常条件下热裂解得到的产品，除木炭以外，其他产品产量都是比较低的。为了提高其他

木材裂解前需要进行加工

产品的产量，采用了多种反应气氛，并进行了大量的基础性研究工作。例如，为了获得组成均匀的组分，并提高醋酸产量，有人使用250℃~270℃过热蒸汽处理云杉木屑和木片，总得酸率为8.0%，用桦木木屑和木片作为热裂解原料，总得酸率为10.5%~12%。

六　生物质热解的发展

生物质快速热解制取生物油的技术从20世纪80年代兴起，经过近20年的发展，逐渐进入到规模化、商业化的程度。

生物质热解技术研究方向的拓宽，离不开技术的不断进步完善。过去为了寻求产物的最大化，研究的侧重点主要集中于热解反应器类型和反应器参数两方面。通过技术的进步来增加生物油产量的发展空间已经非常有限，最大产量已达到70%~80%左右。

到今天为止，生物质热解的发展趋势，主要集中在生物油品质和反应系统整体效率的提高。要想提高产物的品质，就要对原始物料采取预处理、催化、改性等方法，以

适合高层次应用，这也成为拓展技术应用空间和前景的重要手段。到目前为止，将热解制油经济效益最大化的方法是，整体利用生物质资源的联合工艺，具有相当大的市场潜力。下面简单介绍几种已发展的联合工艺。

1. 预处理和热解联合工艺

生物质原料的预处理和热解制油技术的结合是联合工艺中最早也是最简单的技术，但它的提出解决了传统热解工艺存在的不足和缺点。生物质通过预处理，如热水浸提、酸洗脱除灰分等，脱灰后的生物质再经过除湿、干燥、热解可

生物油制取设备

以得到收率高、含酸少的热解油。通过该法对玉米脱灰的方法使得热解油产量提高了 19% ~ 27%，而且大大降低了酸的含量，使其适合于生产高附加值的化工原料。但该工艺由于涉及后续的废水处理等复杂工艺，增加了不少额外费用，因此脱灰热解工艺还有待进一步的改进。

2. 生物质乙醇和热解联合工艺

目前，制取乙醇原料的工艺主要是生物质制醇与热解联合工艺。在酸和催化剂作用下，通过生物质的水解，将半纤维素生成戊糖，然后发酵生产乙醇，脱除生物质的灰分主要是酸的作用下进行的。要想得到高收率的乙醇，就要增加脱水糖的产量，脱水糖产量的增加主要依赖剩余纤维素的热解，再利用脱水糖发酵制取乙醇，通过酸水解和热解增加了可发酵糖量，从而得到高效率的乙醇。

贴士

半纤维素是指植物细胞壁构成纤维素小纤维间的间质凝胶的多糖群中除去果胶质以外的物质，是构成初生壁的主要成分。它结合在纤维素微纤维的表面，并且相互连接，这些纤维构成了坚硬的细胞相互连接的网络。

3. 热解与燃烧联合循环工艺过程

前面的三种新工艺都属于不同生物质原料的整体利用，以提高产物产率和经济效益。在热解工艺中，合理利用热解产生的焦炭、不可凝结气体以及焦油产物，提高整个系统热效率也是发展的另一方向。

浙江大学开发的整合式热解分级制取液体燃料装置就充分利用了焦炭和尾气产物，用以提供热解的能量以及物料的烘干等处理过程。基于相同目的的，荷兰 Pyrovac 国际有限公司开发的热解与燃烧联合循环工艺采用联合循环工艺来燃烧。与其合作的 Prosystem 能源公司真空热解生物质获得的产物，和直接燃烧生物质相比，平均每吨生物质可以增加 18% ~ 30% 的电力输出。这个增量是通过热解技术和循环燃料的联合使用使生物质可以有效而且充分地转变为油、气和焦炭而获得。

生物质热解制取生物油技术应用前景的开拓除了热解技术和联合工艺的发展之外，提高生物油的品质，从而开发新的应用领域，也是当前研究的迫切要求。

生物原油化学稳定性较差，含水量和含氧量都较高，这影响了作为燃料的使用，它较低的碳氢比限制了碳氢化合物生成，因此，需要改善生物原油的物理和化学特性，提高稳定性，如通过加氢裂解和蒸气催化裂解重整降低含氧量。

生物质直接燃烧

第二节　SHENGWUZHIREJIE CHANWU
生物质热解产物

热裂解的主要产物包括固体、液体和气体，具体组成和性质与热裂解的方法和反应参数有关。烧炭的过程较慢，一般持续几小时至几天，低温和较低的传热速率可使固体产物的产量达到最大。而快速热裂解具有较高传热速率，在中温下使气体中高分子化合物在完全分解之前被浓缩，减少了气体产物的形成，尽可能多的获得液体产物。

一　生物质热解的产物

1. 固体

生物质热裂解时残留在干馏釜内的固体产物为木炭。木炭疏松多孔，是制造活性炭、二硫化碳的原料。

木炭

2. 液体

从木材干馏设备导出的蒸气气体混合物经冷凝分离后，可以得到液体产物（粗木醋酸）和气体产物（不凝性气体或生物质燃气）。粗木醋酸是棕黑色液体，除含有大量水分外，还含有200种以上的有机物。

以阔叶材为例，干馏时得到的粗木醋酸液澄清时分为两层，上层为澄清木醋酸，下层为沉淀木焦油。澄清木醋酸是从黄色到红棕色的液体，有特殊的烟焦气味，主要含有80%～90%的水分和10%～20%的有机物。澄清木醋酸进一步加工处理可得到乙酸、丙酸、丁酸、甲醇和有机溶剂等产品。沉淀木焦油是黑色、黏稠、油状液体，其中含有大量的酚类物质，经加工可得到杂酚油、木馏油、木焦油抗聚剂和木沥青等产品。

3. 气体

干馏得到的可燃气主要成分为二氧化碳、一氧化碳、甲烷、乙烯和氢气等，其产量与组成因加热温度和加热速度的不同而各异。木材干馏得到的可燃气一般被称为木煤气。

二 生物油组成及特性

生物油是由分子量大且含氧量高的复杂有机化合物的混合物所组成，这些混合物主要是分子量大的有机物，其化合物种类有数百种之多，从属于数个化学类别，几乎包括所有种类的含氧有机物，如醇、醚、酯、酮、酚及有机酸等。至今对其

相关的分析还处于研究阶段。

1. 生物油的特性

（1）外观

典型生物原油是咖啡色流动液体。依靠原料和快速热解方式的不同，颜色呈现从黑红褐色到黑绿色的变化，这种颜色的变化受碳含量和化学成分的影响。过滤热蒸汽时，由于过滤出木炭而呈现出一种更半透明的红褐色。液体中的高氮含量能使颜色呈现黑绿色调。

（2）气味

生物油液体有一种特殊的辛辣

生物质热解后的产物生物油外观

贴士 阔叶材指阔叶树的木材，阔叶树一般指双子叶植物类的树木，具有扁平、较宽阔叶片，叶脉成网状，叶常绿或落叶，一般叶面宽阔，叶形随树种不同而有多种形状的多年生木本植物。由阔叶树组成的森林，称做阔叶林。

烟熏气味，如果眼睛长时间暴露在这种液体挥发分之中，眼睛将会感觉到这种气味的刺激。这种液体包含几百种不同的化学药品，从小分子挥发性甲醛和乙酸到复杂的大分子酚类和脱水糖等，它们的比例差别很大。

（3）含水率

生物油的含水率最大可达到30%～45%，油品中的水分主要来自于物料所携带的表面水和热解过程中的脱水反应。水分有利于降低油的黏度，提高油的稳定性，但水分降低了油的热值。

（4）pH 值

生物油的 pH 值较低，主要是因为生物质中携带的有机酸如蚁酸、醋酸进入油品造成的，因而油的收集装置最好是抗腐蚀的材料，比如，不锈钢或聚烯烃类化合物。由于中型的环境有利于多酚成分的聚合，所以酸性环境对于油的稳定是有利的。

（5）密度

液体密度与轻燃油相比是很高的，大约是 1.2 千克/升（轻燃油大约是 0.85 千克/升）。这意味着以重量为依据，液体的能量含量大约是燃油的 42%，但以测定体积为依据时大约是 61%。

（6）黏度

液体流动时内摩擦力的量度叫黏度，黏度值随温度的升高而降低，是影响液体燃料雾化质量的主要因素。生物油的黏度可在很大的范围内变化，这是由含水量、收集的轻馏分数量和油老化程度决定的。

（7）热稳定性

热稳定性是液体燃料在某一

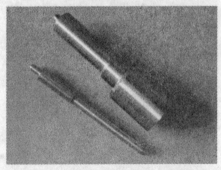

发动机的油嘴

贴士

蚁酸即甲酸，蚂蚁分泌物和蜜蜂的分泌液中含有蚁酸，最早人们蒸馏蚂蚁时制得蚁酸，故有此名。甲酸是无色透明液体，有刺激性气味，且有腐蚀性，人类皮肤接触后会起泡红肿。

温度下发生分解并产生沉淀物倾向的指标，热稳定差，燃油易析炭，并发生胶状沉淀物，这会阻塞油过滤器与油嘴。如果将生物油加热到100℃以上，50%的木炭会析出，生物油在高温下不稳定，一般在室温下保存，即使如此，生物油也有可能极其缓慢地发生这些变化。

2. 生物油的应用

生物油作为新型的液体清洁能源产品，用途极为广泛。其广泛的用途表现在，首先，可以替代石油直接用作燃油燃料；其次，也可对其进一步催化、提纯，制成高质量的汽油和柴油产品。例如，各种运载工具使用的生物汽油和生物柴油。

（1）生物油用于燃烧

液体产物相对于气体来说，显得更容易处理、输送，这对燃烧应用及现有设备改造具有非常重要的借鉴意义。现有油类燃烧器要想直接燃烧生物质原料，需要经过大规模改造。与生物质燃料相比，生物油作燃料就优越得多，只需对设备略加改动就可使用，有些时候甚至不需改动即可应用。

虽然生物油的热值比化石燃料油要低得多，并且生物油中含有较大比例的水，但生物油已经被成功地作为燃料使用。生物油作燃料的试验已经在世界很多地方成功运作，如加拿大的 Canmet、美国 MIT 和芬兰的 Neste、美国的 Red Arrow 等已利用生物油作为常规的锅炉燃料。不过有文献报道，利用生物油作为燃料也存在许多问题，如生物油的黏度较高。为了克服这个困难，也采取了一些措施。

如芬兰的 Neste，采取加入酒精的办法来减小其黏度；加拿大的 Canmet，直接配置了生物油预处理系统来降低生物油的黏度。首先用常规的燃料对锅炉或窑炉进行预热，

生物油提纯后的生物柴油

是生物油利用过程中的第一步。然后再用生物油作为燃料直接进行燃烧。由于生物油与燃油和柴油不相溶，因此对于生物油的的起动运行顺序，就显得更为复杂，如果生物油进行燃烧起来后，其排放的尾气对环境来说是不会造成污染的，在环境的自净能力之内。

（2）涡轮机发电

相比于热能，作为电具有较高的价值，而且其易销售、经营和运作，电力生产作为生物油其中的一种应用之一越来越吸引人们的注意和关注，很多国家大力提倡这种环保、无污染的发电方式，而且出台了一些相关的优惠政策。生物油作为发电燃料时无需与其他物质掺和。一个较小的热解厂完全可以供大功率的发电，或将生物油输送到大型发电厂供发动机或涡轮机使用。对

生物柴油发动机试验

于这方面的应用，还需要进行长期的试验运行研究，建立最优工况，并获得充分数据制定特约条款。

（3）生物油作为柴油机代用燃料

一些研究机构对没有经过任何预处理的生物原油进行试验，已经成功地在改进过的250千瓦双燃料柴油机中燃烧，并已经取得200小时的运行经验。并且采用柴油发动机也对生物油进行了成功测试，经过近400小时的运行，从发动机运行情况看，其性能与柴油相似。对于这方面的应用，同时也还需要在应用中进行长期的试验运行研究，建立最优工况，并获得充分数据制定特约条款。

（4）生物油制取化学品

运用生物质热解技术制取生物油技术的研究，目前主要是在如何获取燃料方面。就目前的形势来看，该技术还不具备直接进行市场应用的可能，但是其应用前景是巨大的。从短期的现实状况来讲，从生物油中获取化学原料或者一些高附加值的产品，具有广泛的应用价值。从生物油中提取化学产品，要想保证其回收的经济效益，就要求

其产量在整体油产量中占据较大份额才可以。像乙醇醛、乙酸、甲酸、糠醛、5-羟甲基糠醛、左旋葡聚糖等是这样的几种主要物质。其中左旋葡聚糖是纤维素热解过程中的一次产物，产率高达70%，回收价值比较高。一些试验机构的实验成果已经表明，从生物质材料中得到的左旋葡聚糖纯度为20%~26%，从纤维素中可获得左旋葡聚糖的纯度为47.5%~63%，尤为显著的是利用丙酮积极性选择性分离和结晶，得到了纯度为95%~96%的左旋葡聚糖。

左旋葡聚糖可以看作是纤维素的单体结构，它的三元醇结构使其能够通过羟基作用生成许多有应用前景的衍生物。左旋葡聚糖的聚醚可以用于生产聚亚氨酯泡沫，它可增强聚亚氨酯泡沫的热稳定性和刚

聚乙烯颗粒

度。左旋葡聚糖三甲基丙烯酸盐是活性的连接单体，可以用于生产高分子橡胶，或者制造动力连接密封附件。左旋葡聚糖的环氧树脂可以用作聚乙烯热稳定性的添加剂。可以说在它的基础上可以合成一系列有价值的化工产品和新型材料，包括聚合生产树脂、表面活性剂、醚、胶卷、聚合物等。

左旋葡聚糖最具价值的是它内部的缩醛环结构，该结构可使其分子具有高度的化学立体性，是一种相当有价值的手特征合成分子，其脱水后形成的烯酮结构，具有独特的属性和反应特性，可以用来合成抗生素和免疫素的介质，以及生产外激素或者转化成稀有的糖类，如阿卓糖和阿洛糖。由于当前其价值相当昂贵，生产该产品具有非常好的发展前景。

生物油中含有相当高浓度的糠醛类产物，该类化合物可以作为化学制品的中间体，比如利用糠醛制备四氢呋喃，或者生成糠基醇。糠基醇是非常理想的溶剂，是酚醛树脂的可塑剂，而且作为呋喃树脂的单体结构，糠基醇可合成呋喃树脂，呋喃树脂与聚酯

树脂、苯酚树脂、乙烯基酯以及一些环氧聚合物，具有更强的抗腐蚀和耐热性能，可以作为金属铸件的模具、防腐橡胶、硅化橡胶和防腐填塞等。

一些研究还表明生物油与含氮原料包括氨、尿素、蛋白质材料反应可生成具有缓释功能的肥料。这种肥料对土壤中的炭具有络合作用，可显著减少大气中温室气体的排放量，另外，还可以减少因使用动物性肥料带来的氮流失问题。

三 其他产物的应用

由生物质热解得到的不可凝结气体，其热值较高。它可以用作生物质热解反应的部分能量来源，如热解原料烘干或用作反应器内部的惰性流化气体和载气，

此外，这些气体还可以用于生产其它化合物及为家庭和工业生产提供原料。

木炭呈粉末状、黑色物质。木炭的特点是疏松多孔、具有良好的表面特性；灰分低，具有良好的燃料特性；低容重；含硫量低；易研磨。因此，产生的木炭可加工成活性炭用于化工和冶炼，改进工艺后，也可用于燃料加热反应器。

生物质热解后的木炭外形

尿素是由碳、氮、氧和氢组成的有机化合物，外观是白色晶体或粉末。它是动物蛋白质代谢后的产物，通常用作植物的氮肥。生物体内尿素在肝合成，是哺乳类动物排出的体内含氮代谢物。

第五章

Chapter

节能环保的乙醇

乙醇，俗称酒精，可用玉米、甘蔗、小麦、薯类、糖蜜等原料，经发酵、蒸馏而制成。燃料乙醇是通过对乙醇进一步脱水（使其含量达99.9%以上）再加上适量变性剂而制成的。经适当加工，燃料乙醇可以制成乙醇汽油、乙醇柴油、乙醇润滑油等用途广泛的工业染料。

第一节 SHENGWU RANLIAO YICHUN
生物燃料乙醇

生物燃料乙醇在燃烧过程中所排放的二氧化碳和含硫气体均低于汽油，由于它的燃料比普通汽油更安全，作为增氧剂，燃料乙醇可以使燃烧更充分，节能环保，抗爆性能好。而且，燃料乙醇燃料所排放的二氧化碳和作为原料的生物源生长所消耗的二氧化碳在数量上基本持平，这对减少大气污染及抑制"温室效应"意义重大，因此，被称为"绿色能源"。

一 认识燃料乙醇

乙醇，俗称酒精，是一种无色透明、具有特殊芳香味和强烈刺激性的液体。它以玉米、小麦、薯类、糖蜜等为原料，经发酵、蒸馏而制成，除大量应用于化工、医疗、制酒业外，还能作为能源工业的基础原料——燃料。将乙醇进一步脱水再加上适量汽油后形成变性燃料乙醇。所谓车用乙醇汽油，就是把变性燃料乙醇和汽油以一定比例混配形成的一种汽车燃料，其在国外被视为替代和节约汽油的最佳燃料，具有价廉、清洁、环保、安全、可再生等优点。

这项技术在国外已十分成熟。

燃料乙醇的研究开发较早，早在20世纪初就有了燃料乙醇，后来因为石油的大规模、低成本开发，其经济性较差而被淘汰。20世纪70年代中期以来四次较大的"石油危机"和可持续发展观念的深入，燃料乙醇又在世界许多国家得以迅速发展。目前世界上燃料乙醇的使用方式主要有三大类：汽油发动机汽车，其乙醇添加量为5%～22%；灵活燃料汽车，其乙醇与汽油的混合比可以在0～85%之间任意改变；乙醇发动机汽车，使用纯乙醇燃料，包括乙醇汽车和乙醇燃料电池车。

乙醇汽车

二 燃料乙醇的生产原料

发酵法和化学合成法是目前生产乙醇的常用两类方法。化学合成法的原料是石油或天然气裂解气，需要经过一系列的化学反应制造乙醇。工业上主要用乙烯水合法来合成乙醇，乙烯水合法合成乙醇又分为硫酸水合法和直接水合法两种。除以上方法之外，还有乙醛加氢法在制造乙醇，即首先由乙烯来制取乙醛，方法是将乙烯直接进行氧化或以电石为原料，再将乙醛加氢进行还原反应，最后生成乙醇。

发酵法制取乙醇的原料是淀粉质、糖蜜或纤维素等，通过让原料进行微生物代谢进而产生乙醇，就杂质含量而言，该方法生产出的乙醇杂质含量较低。实质上，微生物在发酵法制取乙醇的过程中，起着主导的作用，在该工艺生产中，菌种选择的主要标准就是看微生物的乙醇转化能力。除此之外，对微生物乙醇发酵能力具有决定性制约作用的是工艺所提供的各种环境条件，工艺菌种的生产潜力受工艺条件的影响较大。

生产乙醇的生物原料从一定程度上来讲，只要生物质中含有可发酵性糖（如葡萄糖、麦芽糖、果糖和蔗糖等）或可转变为发酵性糖的原料（如淀粉、菊粉和纤维素等），就可以作为乙醇的生产原料。然而事实操作上，其加工的难易程度有所的差别，下面按由易到难的排序对原料加以介绍。

1. 糖类原料

包括甘蔗、甜菜、甜高粱等含糖作物以及废糖蜜等。其中，甘蔗

贴士

电石即碳化钙，是一种无机化合物。普通电石是无色晶体，工业品为灰黑色块状物，断面为紫色或灰色。遇水立即发生激烈反应，生成乙炔，并放出热量，电石是重要的基本化工原料。

和甜菜等糖类植物在我国主要用作制糖工业的原料，很少直接用于生产乙醇。废糖蜜则是制糖工业的副产品，内含相当数量的可发酵性糖，经过适当的稀释处理和添加部分营养盐分即可用于乙醇发酵，是一种低成本、工艺简单的生产方式。

2. 淀粉质原料

主要包括甘薯、木薯和马铃薯等薯类以及高粱、玉米、小麦和燕麦等粮谷类。甘薯在我国栽培分布广泛，其适应性和抗旱性都很强，

可用于发酵生产乙醇的甜菜

而我国南方地区则盛产木薯，北方地区盛产马铃薯，这些都可以作为生产乙醇的优质原料。

3. 纤维类原料

包括农作物秸秆、林业加工废弃物、甘蔗渣以及城市固体废物等。纤维素原料的主要成分包括纤维素、半纤维素和木质素，其结构与淀粉有共同之处，都是葡萄糖的聚合物，使用纤维素原料生产乙醇是发酵法生产乙醇基本发展方向之一。

4. 野生植物

包括橡子仁、葛根、蕨根、土茯苓、石蒜、金刚头、枇杷核等。我国野生植物资源极为丰富，尤其在广大山区和丘陵地带生长着种类繁多的野生植物，其中很多种类含有大量的淀粉和糖分，可用于生产乙醇。

乙醇可通过微生物发酵由单糖制得，也可以将淀粉和纤维素物料水解成单糖后制得。而对于木质纤维需要大得多的水解程度方能制得，这是利用的主要障碍，而淀粉水解则相对简单，并且已有很好的工艺。

三 农产品生产乙醇

以生物质为原料生产燃料乙醇的方法主要有两种：

1. 热化学转化法

热化学转化法制乙醇主要是指在一定温度、压力和时间控制条件下将生物质转化成液态燃料乙醇。生物质气化得到中等发热值的燃料

油和可燃性气体，把得到的气体组分进行重整，即调节气体的比例，使其最适合合成特定的物质，再通过催化合成，就可得到液体燃料乙醇（或甲醇、醚、汽油等）。

2. 生物转换法（发酵法）

生物转换法生产燃料乙醇大部分是以甘蔗、玉米、薯干和植物秸秆等农产品或农林废弃物为原料酶解糖化发酵制造的。其生产工艺有酶解法、酸水解法及一步酶工艺法等。这些工艺与食用乙醇的生产工艺基本相同，所不同的是需增加浓缩脱水后处理工艺，使其水的体积分数降到1%以下。脱水后制成的燃料乙醇再加入少量的变性剂就成为变性燃料乙醇，和汽油按一定比例调和就成为燃料汽油。

（1）能源甘蔗（糖类）生产燃料乙醇

国外在发展可再生生物能源中，首选植物是能源甘蔗。甘蔗光合作用效率比普通作物稻麦等高一倍以上，迄今为止是人类所栽培的一种产量最高的大田作物。甘蔗还具有再生性强，可多年宿根种植的优点。能源甘蔗生物量和可发酵糖量比一般甘蔗高50%以上，因此，能源甘蔗是酒精生产的最佳原料。巴西就是以甘蔗作为原料制取燃料乙醇的。

用甘蔗生产燃料乙醇，首先要将运来的甘蔗经过喷水粗洗，然后用刀切断，再经过撕裂，最后经4～6级辊式压榨机压榨，得到粗蔗汁。在压榨过程中，可以用喷淋热水的方法来提高糖的得率。总用水量是甘蔗量的25%，糖的挤出率可达85%～90%。粗蔗汁中含有12%～16%的蔗糖（包括一些转化糖）。通常每100千克甘蔗可得12.5千克的糖。蔗汁要经过澄清，澄清后的蔗汁就可送去发酵车间进行酒精发酵，发酵8～12小时，发酵醪酒精含量6%～8%（体积分数）。蒸馏用四个塔，即粗馏塔、

贴士

乙醇即酒精，我国在很早以前就掌握了酿酒技术，考古出土的距今5000多年的酿酒器具表明：传说中的黄帝时期、夏禹时代就已经存在酿酒这一行业，所以酿酒的起源要还在此之前。

甘蔗

精馏塔、无水酒精制备塔和环己烷回收塔，作为燃料乙醇，杂醇油也不需要分离提取。

（2）玉米（淀粉类）生产燃料乙醇

食用乙醇发酵工艺技术是玉米乙醇燃料技术的鼻祖，该技术最先得到较快发展的国家是美国。随着20多年来的技术发展，美国乙醇燃料生产成本只占到了原先成本的1/3，现在的价格是0.24～0.34美元/升，明显具备了同汽油相竞争的水平。学术界和企业界近几年来，为进一步降低玉米乙醇生产成本，在诸多领域进行了研究探索。美国较为先进的干法脱胚工艺的主要特点包括：玉米干法粉碎后（粉碎粒度1.0～1.2毫米，满足生淀粉发酵工艺要求），皮、胚芽被分离，胚乳调浆浓度在31％～32％，

提高了实际淀粉含量；使用专门的复合酶制剂对其进行低温液化（48℃），使得液化装置部分的投资得到了节省，可使乙醇燃料加工过程综合能耗降低1.0～1.5兆焦/千克；生淀粉同步糖化浓醪发酵，发酵成熟醪乙醇含量18％～19％（体积分数），节省了蒸馏能耗和设备投资；粗塔釜液经离心分离后，清液部分50％作为工艺水回用，节约了用水。

（3）纤维素生产燃料乙醇

自然界中最多的碳水化合物是纤维素。据估计，全球的生物量中，纤维素占90％以上，年产量约有200×10^9吨；人类可直接利用的有$8 \times 10^9 \sim 20 \times 10^9$吨。纤维素具有不溶于水的特性，其酶解过程比较复杂，降解速率缓慢，这是利用纤维素生产乙醇的最大障碍。但纤维

玉米可以用于发酵制乙醇

素的来源非常丰富，各种废渣、废料中的主要成分都是纤维素。所以，利用纤维素生产乙醇不仅可以降低生产成本，而且还可以变废为宝，净化环境。正因为如此，利用纤维素生产乙醇的技术受到了广泛的重视和研究。

原料预处理、纤维素和半纤维素水解糖化、五碳糖与六碳糖的发酵、蒸馏脱水等，是纤维素乙醇燃料的主要生产工序。先用化学或物理的方法对木质纤维进行预处理，使纤维素与木质素、半纤维素等分离；纤维素的水解产物为葡萄糖，半纤维素的水解产物包括木糖、阿拉伯糖等单糖。五碳糖和六碳糖经过发酵、蒸馏、脱水后就可制的乙醇燃料。蒸馏和脱水工艺属化工分离过程，目前已经发展得非常成熟，与淀粉类原料生产乙醇燃料的过程完全相同。

3. 乙醇的提纯

制取乙醇燃料的关键技术是乙

醇脱水。因为乙醇和水的混合液化乙醇的浓度（常压下）为95.6%时会形成共沸体系。用传统方法制取无水乙醇产品的能耗很高。有一种比传统方法节省能耗1/2以上的工艺技术，该工艺技术的系统可靠稳定，操作过程简单，占地面积小，装置距地面高度低，便于放大，易于和其他过程耦合与集成，那就是渗透汽化膜分离技术。

现在，在乙醇生产的各项支出中，能耗费用占据第二，占据首位的是原料。在乙醇生产的过程中，大约50%的成本是用在了乙醇的蒸馏和脱水上。

我国取得的成果与国外很多科学家在这些方面的研究相比，收获颇丰。例如，清华大学研发的，我国自主研发的渗透汽化膜分离技术已成功地应用在乙醇和水的分离方面，生产成本比传统降低约50%以上。

4. 新型酶和酵母

一家纤维素乙醇技术和种酶开发

贴士

阿拉伯糖最早从一种叫阿拉伯树分泌的胶体中经复杂的化学和物理方法分离提取出来的一种左旋单糖，所以称之为阿拉伯糖，其广泛存在于植物中，获得 L- 阿拉伯糖的主要途径是通过植物提取的方法。

公司开发出一种新的高活性谷物乙醇酶，它可大大提高从谷物生产乙醇燃料的经济性。高活性谷物乙醇酶可使谷物类原料中存在的木聚糖化合物快速破解，如小麦、黑麦和大麦等谷物类原料，使得糊状物黏性在一定程度上也相应降低。有了这种快速活化的酶存在，生产在较短时间内就可完成，也减少酶了的用量。还有一种酶也可使谷物水保持度减少，从而也降低了对谷物干燥所需的能量，就是高活性谷物乙醇酶的存在。温度和 pH 值保持在一定范围内，使乙醇生产企业也提高了操作灵活性，并可大大降低加工成本。

在用谷物类原料生产乙醇燃料过程时，起催化剂作用的主要是酿酒酵母。用传统酿酒酵母生产出的酒精浓度约 10%，还需消耗大量的能源，才能再将其精馏成浓度为 99% 的乙醇燃料，乙醇燃料成本的增加，已经成为乙醇燃料推广技术的制约瓶颈。除酵母外自然界中还有生成醇类的微生物。美国一家研究机构选用了用于椰子酒生产的一种细菌，其生成乙醇的速度稍快于酵母，但副产物多，能够利用的糖类原料有限。

四 纤维素生产乙醇

自然界中存量最大的碳水化合物是纤维素。纤维素的最小构成单位也是 D- 葡萄糖，但其构成与淀粉不同。因而纤维素具有不溶于水的特性。

1. 预处理

预处理的主要目的是降低纤维素的分子量，打开其密集的晶状结构，以利于进一步的分解和转化。预处理过程中，半纤维素通常直接地水解成了各种单糖（如木糖、阿拉伯糖等），剩下的不溶物质主要是纤维素和木质素。利用有机溶剂（如乙醇）抽提木质素或对纤维素进行水解都可将两者分开。虽然

乙醇脱水设备

贴士

椰子酒的酿制很有趣，酿酒前，先用绳子系住椰子的花芽，使其朝下，几天后剖开，提取汁液。汁液的提取方法与提取橡胶液一样。将竹筒之类容器悬挂在椰子花芽下面。汁液滴入竹筒后，就直接在竹筒内自然发酵酿酒。

有些预处理可使 95％ 的葡萄糖转化成乙醇，但从能量和功效角度来看，预处理仍是一个十分昂贵的过程。相对而言，酸处理技术稍成熟一些。

用谷物生产乙醇燃料时要将谷物进行粉碎处理，其目的是减小原料的体积。而物理法用研磨或水汽破坏原料结构的方法，也是出于减小原料体积的目的，使其与水解物的接触面积大，水解容易进行。对于生物质原料来说，物理法的强度要大些，如蒸汽爆破法。

化学预处理的方法有：稀酸、碱、有机溶剂、氨、二氧化硫、二氧化碳处理或其他使纤维素更易被降解的化学试剂的处理。每种原料，不管是软木，秸秆，还是蔗渣，都要求有最优化的方法来进行预处理，这样才能使降解物分子体积最小，产糖量最高。低成本、高效率的预处理方法是生物质生产乙醇研究和开发的主要任务之一。

目前化学法和酶法是对纤维素原料进行预处理的主要技术方法，其中化学法一般采用酸水解法进行预处理。目前将纤维素物质酸解物中的糖和酸进行分离，主要采用的是应用抗酸膜，既可以获得由纤维素降解产生的糖，又可以回收盐酸和硫酸。将这一技术应用于木材酸解生产葡萄糖所需要的费用，同淀粉水解生产葡萄糖的所需要的费用大体相当。

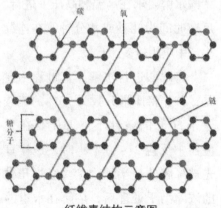

纤维素结构示意图

2. 水解

预处理后，需对生物质进行水解，使其转化成可发酵性糖。有酸（稀或浓）和酶水解法。

酸水解分为稀酸水解和浓酸水解法。稀酸水解是纤维素物质生产乙醇的最古老的方法。用1%的稀硫酸，215℃下，在连续流动的反应器中进行水解，糖的转化率为50%。由于半纤维素（五碳糖）的降解速率高于纤维素（六碳糖）的降解速率，因此，水解生产可分为两步进行。第一步在较低的温度下，主要得到半纤维素的水解产物五碳糖；第二步在较高的温度下，得到纤维素的水解产物葡萄糖，将两种糖液混合，用生石灰中和多余的酸后发酵乙醇。剩余的残渣用作乙醇厂的生产能源。稀酸水解要求在高温和高压下进行，反应时间为几秒或几分钟，在连续生产中应用较多。

将浓酸进行水解，其过程主要是，首先将质量分数为70%的硫酸置于50℃的条件下，再让其在反应器中反应2～6个小时，这样首先被降解的是半纤维素。经过几次的浓缩沥干处理后，溶解在水里的物质就可得到糖。半纤维素水解后会有一些固体残渣产生，将其进行脱水处理后，再将其置于质量分数为30%～40%的硫酸中，连续浸泡1～4个小时。再将溶液进行脱水和干燥处理，置于质量分数为70%的硫酸下连续反应1～4小时，回收的糖和酸溶液经过离子交换，分离出的酸在高效蒸发器中重新浓缩，剩余的固体残渣则再循环利用到下一次的水解中。利用浓酸水解来回收糖，具有回收率高的巨大优势，大约有90%的半纤维素和纤维素转化的糖被回收。与稀酸水解相比，反应时间会比较长，但浓酸水解的酸基本上难以回收利用。

提高酸水解经济性的另一途径是开发酸回收技术。传统处理是在水解后以石灰中和溶液，以适应发酵液对 pH 值的需要。如能以经济的方法把酸和糖分离，则不但酸可

生石灰可以中和酸

回用，还方便了糖液在后续工艺中的处理，经济意义很大。

酸水解过程中使用了大量的酸、氧化剂和敏化剂等化学试剂，水解条件较为苛刻，后续处理困难，且生成许多副产品。酶水解是生化反应，使用的是微生物产生的纤维素酶。酶水解选择性强，可在常压下进行，反应条件温和，微生物的培养与维持仅需少量原料，能量消耗小，可生成单一产物，糖转化率高（大于95%），无腐蚀，不形成抑制产物和污染，是一种清洁生产工艺。

从20世纪80年代中期开始大规模生产纤维素酶，主要以固态发酵法为主，即微生物在没有游离水的固体基质上生长。但是生产成本过高，阻碍了纤维素制取乙醇工艺的实用化。目前很多学者从事这方面的研究工作。

3. 酶水解发酵工艺

酶水解发酵工艺包括直接发酵法、间接发酵法、同时糖化发酵法等工艺。

嗜热菌（40℃～65℃）和极端嗜热菌（65℃）能直接利用纤维素生产乙醇，不需要经过酸解或酶解前处理过程。研究最多的是用热纤梭菌，它是嗜热产芽孢的严格厌氧菌，革兰染色呈阳性，它能分解纤维素，并能使纤维二糖、葡萄糖、果糖等发酵。目前看来，它是将纤维素直接转化为乙醇的最有效菌种。

从发酵工艺看，此类工艺方法设备简单，成本低廉。但热纤梭菌产生乙醇也存在以下问题：碳水化合物发酵不完全，乙酸、乳酸、氢的形成导致乙醇产率低；纤维素发酵速率慢，容积生产力低；终产物乙醇和有机酸对细胞有相当大的毒性。利用混合菌直接发酵，能解决乙醇产率不高和有机酸等副产物的存在问题。

用纤维素酶水解纤维素的主要

贴士

纤维素酶广泛存在于自然界的生物体中，细菌、真菌、动物体内等都能产生纤维素酶。一般用于生产的纤维素酶来自于真菌，纤维素酶在食品行业和环境行业均有广泛应用。

方法是糖化、发酵两段发酵法，收集酶解后的糖液作为酵母发酵的碳源，也是目前研究最多的一种方法。在这种方法中必须不断地将其从发酵罐中移出，才能克服乙醇产物的抑制，采取的主要方法是：减压发酵法、快速发酵法、Biostile 法三种方法。要想克服细胞浓度低，就要对细胞进行循环利用。筛选在高糖浓度下存活并能利用高糖的微生物突变株，以及使菌体分阶段逐步适应高基质浓度，可以克服基质抑制。

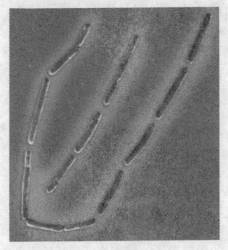

热纤梭菌

纤维素酶的最适温度在50℃左右的温度中进行糖化，但是对于酵母发酵而言，要将温度控制在37℃～40℃，在这两个过程中，需要克服的是温度不协调的障碍，目前采用的方法主要有：采用耐热酵母、进一步选育耐热酵母、耐热酵母与普通酵母混合发酵。而且非等温同时糖化发酵法也使得纤维素酶这一矛盾得到了很好地解决。

燃料乙醇的发展状况

乙醇作为新能源最大的优势在于其属于可再生能源。随着粮食产量的提高，对以玉米为代表的新型能源植物的利用已经进入良性循环状态。并且，由于植物纤维原料具有明显的资源优势，更具有开发潜力，而被越来越多的国家所重视，并将其利用于乙醇的规模化生产。随着化石能源日趋枯竭、燃料乙醇之类的新能源却发展得欣欣向荣。

一 发展特点

燃料乙醇技术大大提高了生物质能源的能量密度，并具有容易工业化、规模化生产等特点，因此是一种前景十分广阔的生物质能利用技术。经过多年的发展，国际燃料乙醇的发展呈现如下的特点：

1. 从产量的角度讲，全球燃料乙醇产量稳步上升

1984～1998年全球生物燃料乙醇总产量为128.8亿～205.2亿升，平均每年以5.5%的增长率呈平稳、缓慢的上升发展状态，1999～2009年总产量为188.2亿～727.8亿升，平均以每年54%的增长率呈快速的上升发展趋势。2006年，生物燃料乙醇产量居前三位的国家依次是美国、巴西和中国。

2. 丛燃料乙醇的生产技术来看，生产技术不断进步

糖原料和淀粉类原料是各国用来制造乙醇燃料的原料，许多国家在这方面有着雄厚的研究基础，而且以淀粉、糖蜜类为原料来制取乙醇燃料技术也已十分成熟，世界各国对乙醇燃料正在进行着规模化、商业化的生产利用。拿美国来说，在数十年的技术应中，现在生产乙醇燃料的原料成本仅仅占当初的

用于发酵生产乙醇的糖蜜

1/3，关键的发酵技术达到了世界领先水准。到目前为止，乙醇在巴西的生产效率与当初相比，已经是翻了三番，成本也是之前的1/3，具有充分的市场竞争力。

二 世界各国的发展现状

美国开发利用乙醇燃料已经有近百年的历史了，乙醇产量居世界第一。1979年，美国制定并实施了乙醇燃料计划，主要目的是寻找替代能源，减少对进口石油的依赖。刚开始大规模使用的是混合燃料，乙醇的质量分数仅占10%。

美国乙醇燃料产业的发展有两个主要的促进因素，一个是20世纪70年代的世界石油危机，另一个是1990年美国国会以修正案形式通过的空气清净法。而在一定程度上，政府的税收优惠政策也促进了乙醇产业的发展，同时也促进了乙醇混合动力汽车的研发应用，对混合动力汽车的销售同样实施了税收优惠。与此同时，出于环保的考虑，各州政府以行政命令或立法的形式要求，必须用乙醇取代MTBE（甲基叔丁基醚），进一步刺激了乙醇燃料产业的发展。

2006年2月，美国国会通过了可再生燃料能源标准（RFS），要求美国消费汽油总量的50%都要掺入相应比例的乙醇燃料。奥巴马政府也实施一系列政策措施，推进生物燃料新技术的开发和应用，例如税收激励、现金奖励、政府合约等形式，同时更鼓励地方投资兴建生物燃料炼厂。按照美国的能源发展

贴士

甲基叔丁基醚是一种高辛烷值的优良的汽油添加剂和抗爆剂，化学含氧量比甲醇低得多，利于暖车和节约燃料，蒸发潜热低，对冷启动有利，但是，其具有一定的毒性，会对人体有害。

规划，2013年年初，乙醇燃料的产量为2250万吨，2030年，乙醇燃料的产量为1.8亿吨，替代汽油比例要占30%左右。

巴西是世界上最大的燃料乙醇生产和消费国之一。巴西政府大力发展燃料乙醇行动计划始于1975年。近年来巴西乙醇产量逐渐增长，主要出口美国、欧洲和日本，规划到2015年乙醇产量扩大到3700万吨，出口占比27%。

最近几年，8个欧盟成员国法国、德国、希腊、爱尔兰、意大利、西班牙、瑞典和英国，对可再生能源相继采取了税收减免政策，包括乙醇燃料在内，主要是为了促进可再生能源的发展。日本、泰国、印度等亚洲国家，为了应对能源供应、资源运输和能源策略等问题，也纷纷制定了可再生能源发展计划。

燃料乙醇生产

三　我国的发展现状

我国石油年消费量的增长速度为13%，而我国的能源产量只能解决我国70%的能源需求，是世界第二大石油进口国，从2004年开始，我国的石油进口量已突破了1亿吨，至2020年要实现我国GDP翻两番的目标，需要面临很大的能源压力。2004年4月，国家发改委、公安部、财政部、商务部等八部委下发"车用乙醇汽油扩大试点方案"和"车用乙醇汽油扩大试点工作实施细则"，国家"十五"期间，黑龙江、吉林、辽宁、河南、安徽5省及湖北、山东、河北、江苏4省的27个市试点使用乙醇汽油。试点地区除了军队特需、国家石油战略储备用油以外，要实现车用乙醇汽油替代其他汽油的目标，乙醇汽油的使用量将达到1000万吨以上，约占全国汽油消费量的1/4。

"十五"期间，国家发改委先后建设了4套乙醇燃料生产装置，核准年生产102万吨乙醇燃料，即中粮肇东每年盐生产10万吨，吉林

　　车用乙醇汽油按研究法辛烷值分为 90 号、93 号、95 号三个牌号。 标志方法是在汽油标号前加注字母 E，做为车用乙醇汽油的统一标示，三种牌号的汽油标志分别为"E90 乙醇汽油 90 号"、"E90 乙醇汽油 93 号"、"E90 乙醇汽油 95 号"。

乙醇一期每年要生产 30 万吨，安徽丰原生化每年要生产 32 万吨，河南天冠每年生产 30 万吨，以上四家公司中，中粮肇东使用部分陈化水稻为原料，河南天冠使用部分小麦为原料，其余全部使用玉米原料。鉴于生产乙醇燃料需要消耗大量的粮食，国家乙醇燃料产业的发展方向是，生产非粮乙醇燃料。在非粮乙醇燃料的研发中，国家也投入了大量的科研经费，遵循"因地制宜，非粮为主"的原则，选择乙醇燃料的生产原料。中粮集团是国内乙醇燃料行业的龙头企业，其在广西承建的年产量可达 20 万吨的木薯乙醇项目，顺应了非粮乙醇燃料的研发趋势。该装置是国家审批的第 5 个乙醇燃料生产装置，也是唯一的非

甜高粱秸秆可用于生产非粮燃料乙醇

粮作物乙醇燃料装置。据国家能源局有关互负人表示，"十五"期间生产乙醇燃料的年利用目标为500万吨，要与"十一五"规划目标翻一番。

我国燃料乙醇虽然起步较晚，但是发展迅速，已成为继美国、巴西之后世界第三大燃料乙醇生产国。到2010年，乙醇汽油的使用将从目前的9个省试点转为除西藏、青海、宁夏、甘肃以外的全国地区推广。2006年1月1日《可再生能源法》颁布实施，指出要"安排资金支持可再生能源开发利用的科学技术研究、应用示范和产业化发展"。国家发改委液体生物燃料发展规划到2010年燃料乙醇形成450万吨生产能力，2020年燃料乙醇的生产量超过1500万吨。我国目前燃料乙醇进一步扩产将受到粮食产量的限制，并在一定程度上影响我粮食安全。当前发改委已规定今后不得批准以玉米为原料的燃料乙醇项目，将重点支持以非粮原料生产燃料乙醇的产业发展，因此，远期最重要的路径，就是利用木质纤维素原料生产乙醇，包括秸秆、干草、木材等农林废弃物以及能源作物等。

从数量上看，我国目前已成为仅次于巴西和美国的全球第三大燃料乙醇生产国。2006年，我国燃料乙醇消费102万吨，替代了2%的汽油。截至目前，全国已使用乙醇汽油地区包括6个省和18个地市。

从研究情况来看，我国在21世纪初就开始进行生物燃料的科学研究与开发利用工作。目前，中国以淀粉类为原料生产燃料乙醇的技术也较为成熟，4个试点企业已投入规模化生产运行，但成本依然偏高，已成为制约规模扩大的最大问题。国内以糖料作物类为原料的生产技术，还处于试验示范阶段。中

贴士

车用乙醇汽油适用于装配点燃式发动机的各类车辆，无论是化油器或电喷供油方式的大、中、小型车辆。而如果是行驶里程低于3万公里的新车，可以直接加入乙醇汽油。行驶里程较长的汽车需要对油箱进行清理，以防堵塞。

国"十五"863计划立项研究"甜高粱制取乙醇"技术，开始建立工业化中试示范工程。中国早在20世纪50年代，就开始了木质素制取乙醇初步尝试，那时对生物质水解进行研究，由于当时成本过高、工艺设备较为复杂，很快停止运转。近年来，中国加大了研发力度，在发改委、科技部和财政部等部委支持下，全国共有五六家企业对纤维素乙醇开展技术攻关，目前基本处于小规模中试或工业化试验阶段，与国外还有较大差距。中粮集团与丹麦诺维信公司，在2006年开始进行木质素制取乙醇燃料的合作，在黑龙江肇东建立了年产500吨的纤维素乙醇中试装置，目前这个装置运行良好。2008年，河南天冠集团研制建成了我国首条年产5000吨纤维素乙醇项目产业化生产线，并且顺利产出了第一批纤维素乙醇，还将在周边乡镇复制6000～10000吨纤维素乙醇标准化示范工厂，到2013年年初，争取建成10个厂，到2020年前后建成100个厂，形成初步规模产业。

甜高粱

第六章

Chapter 6

"绿色柴油"——甲酯

生物柴油，广义上讲包括所有用生物质为原料生产的替代燃料狭义的生物柴油又称燃料甲酯、生物甲酯或酯化油脂，即脂肪酸甲酯的混合物。主要是通过以不饱和脂肪酸与低碳醇经转酯化反应获得的，它与柴油分子碳数相近。其原料来源广泛，各种食用油及餐饮废油、屠宰场剩余的动物脂肪甚至一些油籽和树种，都含有丰富的脂肪酸甘油酯类，适宜作为生物柴油的来源。

第一节 RENSHI SHENGWU CHAIYOU

认识生物柴油

生物柴油是一种清洁的可再生能源，由于生物柴油燃烧所排放的二氧化碳远低于其原料植物生长过程中所吸收的二氧化碳，因此生物柴油的使用可以缓解地球的温室效应。生物柴油是柴油的优良替代品，它适用于任何内燃机车，可以与普通柴油以任意比例混合，制成生物柴油混合燃料，生物柴油在冷滤点、闪点、燃烧功效、含硫量、含氧量、燃烧耗氧量及对水源等环境的友好程度上优于普通柴油。

一 现实状况催生生物柴油

当今世界的主要化石能源是石油和天然气，但毕竟化石能源储量有限,科学家的预测数据已经表明，全世界大约有4100亿吨的石油可供开采，已累计探明的和已开采完成的石油为2400多亿吨，因此剩余的石油可采量仅为1400多亿吨。我国的石油储量较少，仅为65.1亿吨，人均占有石油可采储量仅为世界平均水平的1/6。

中国自1993年成为石油净进口国之后，我国石油对外依存度从1995年的7.6％增加到2003年的34.5％，预计到2020年，石油的对外依存度则可能接近60％。随着未来经济的快速发展和能源结构的调整，中国对石油的需求还会增大。另外，化石能源燃烧后产生的二氧化碳、氧化氮、氧化硫以及排放的黑烟等导致了严重的环境污染问题，如温室效应、全球气温变暖等，严重的能源危机和环境问题促使人们进行石油替代能源的研究和开发。

柴油作为一种重要的石油炼制产品，在各国燃料结构中占有较高的份额。柴油具有动力大的特点，

重型卡车使用柴油为动力

可以作为许多大型动力车辆（卡车、内燃机车及农用汽车如拖拉机等）发动机的主要燃料。柴油应用中存在的主要问题是燃烧效率较低，对空气污染严重，容易产生大量颗粒粉尘等。因此，国内外开始研究用可再生的生物柴油代替柴油。

柴油分子是由 15 个左右的碳原子组成的烃类，而植物油分子中的脂肪酸一般由 14 ~ 18 个碳原子组成，与柴油分子的碳原子数相近。1983 年一位美国科学家首先将亚麻子油的甲酯用于柴油发动机，并将可再生的脂肪酸单酯定义为生物柴油。

发动机的发明者鲁道夫·狄塞尔在最初发明发动机的时候其实就是设想使用植物油作为发动机的燃料。随着 20 世纪 70 和 90 年代出现的两次石油危机，这一设想在世界许多国家变成了现实，生物柴油（由油脂转化获得的脂肪酸甲酯混合物）成为了实用产品，直接应用在柴油发动机上并体现出出色的环境友好性。生物柴油的性能与零号柴油相近，但是燃烧生物柴油时发动机排放出的尾气所含有害物比燃烧普通柴油大大降低。

在 20 世纪 70 年代爆发第一次石油危机后，美国从自身战略及国家安全的角度出发，率先启动了开发生物柴油的国家计划。随后，法国、德国、意大利等西方国家和日本、韩国等亚洲国家也相继成立了专门的生物柴油研究机构，投入大量的人力物力。

中国柴油需求量很大，但是柴油的供应量严重不足，1/3 靠进口来

贴士

石油危机是世界经济或各国经济受到石油价格的变化，所产生的经济危机。迄今被公认的三次石油危机，分别发生在 1973 年、1979 年和 1990 年。尽管各国防范石油危机的意识日益增强，但石油危机仍然无法完全避免。

平衡市场的供需矛盾。随着世界范围内汽车柴油化趋势的加快以及我国西部开发中国民经济重大基础项目的相继启动，柴油缺口将进一步扩大。

时至今日，我国政府及相关部门高度重视生物柴油的开发与使用。中国工程院的一些院士提出，着眼于当前我国生物质原料的现状，要大规模生产生物柴油，着对增强我国石油安全的战略意义不容忽视。生物柴油产业作为新能源产业，得到了国务院和国家计委、国家经贸委、科技部等政府部门的支持，生物柴油已被列为国家重点产业。

生物柴油

生物柴油这一新兴产业高速发展的地区，当属欧美等发达国家，欧盟国家和美国生物柴油的发展势头如此强劲，与政府的大力支持以及政府制定的一系列优惠政策是密不可分的。政府除制定优惠政策外，还对农民种植油料作物提供高额财政补贴，对生产的生物柴油给予税收优惠，在价格上使生物柴油与石油柴油相当，增强生物柴油的市场竞争力。

美国将生物柴油投入商业应用，最早是在 20 世纪 90 年代初开始的，生物柴油已成为美国最主要的的石油替代燃油。美国使用的生物柴油的型号为 B20 生物柴油，已经有超过百余家的运输公司使用该型号的生物柴油，军队也是生物柴油的最大用户。

欧盟国家为实现"京都议定书"规定的目标，大力推进对生物柴油生产和使用，并推出了一系列新的优惠政策，如免征生物柴油增值税，还规定了机动车使用生物燃料占动力燃料总额的最低限制。欧盟新政策出台后，该地区生物柴油的市场将会获得稳定的发展，相应的生物柴油的产量也将大幅上升。就之前的数据而言，欧盟 2006 年生物柴油的产量是 450 万吨，2010 年就达到了 1350 万吨。

到目前为止，德国在生物柴油的应用发展方面是最成功的国家之一，

贴士

1997 年 12 月京都议定书在日本京都通过，并于 1998 年 3 月 16 日至 1999 年 3 月 15 日间开放签字，共有 84 国签署，条约于 2005 年 2 月 16 日开始强制生效，到 2009 年 2 月，一共有 183 个国家通过了该条约，引人注目的是美国没有签署该条约。

随着德国生物柴油市场的大幅度增长，仅在 2006 年，德国生物柴油的产量就已达到 250 万吨，到 2006 年末为止，德国国内所有的加油站都提供混有 5% 生物柴油的 B5 型石化柴油。法国 2004 年生物柴油的年产量是 38.75 万吨，2006 年时，法国政府决定增建 16 个生物燃料工厂，而且出资 10 亿欧元来支援增建计划。法国政府对生物柴油执行零税率，并扩大了能源型作物的种植面积。其他欧盟国家人意大利、奥地利、比利时、丹麦、匈牙利、爱尔兰、西班牙等国也在生物柴油研发领域进行激烈的竞争，并制定了一系列的发展战略，来支持本国生物柴油产业的技术发展与进步。

亚洲一些国家和地区也在进行着生物柴油的开发和使用。亚洲各个国家中对生物柴油研究最早的当属日本，小日本 1995 年便开始对生物柴油进行研究，用煎炸油为原料生产生物柴油的工业化试验装置。韩国、印度、俄罗斯以及南美的巴西、阿根廷、哥伦比亚等国也正积极发展生物柴油的研究。

近几年来我国在生物柴油研究开发和产业化方面也取得了相当的进展。目前，我国已研制成功利用菜籽油、大豆油、米糠下脚料和野生植物小桐籽油等为原料生产生物柴油的小试或中试工艺。清华大学、中国农科院、中国科技大学、江苏石油学院、四川大学、北京化工大学、华中科技大学等研究机构和大学纷纷启动生物柴油技术工艺的研究开发，目

大豆油

前取得了一系列重要阶段性成果。

（二）生物柴油的特性

生物柴油具有以下特性。

1. 与石化柴油相比，生物柴油的运动黏度相对较高，生物柴油不但不影响燃油的雾化，更容易在汽缸内壁形成一层油膜，从而提高运动机件的润滑性，降低机件磨损。

2. 与石化柴油相比，生物柴油具有较高的闪点，有利于安全运输、储存。

3. 生物柴油在柴油机中燃烧的比较充分，抗爆性能比石化柴油好。

4. 生物柴油的含氧量可达10%，明显比石化柴油要高，而且生物柴油在燃烧过程中所需的氧气量较少，无论是燃烧性能还是点火性能都优于石化柴油。

5. 生物柴油没有毒性，健康环保性能良好，具有良好的生物分解性，可达98%。不但可以做公交车、卡车的替代燃料，又可做海洋运输、水域动力设备、地底矿业设备、燃油发电厂等非道路用柴油机的替代燃料。

6. 不具有致癌性，不含芳香族烃类成分，硫、铅、卤素等有害物质含量极少。

7. 可直接添加应用于柴油机，同时无需另添设加油设备、储存设备，也不需要对相关人员进行特殊训练，更无需改动柴油机。

8. 生物柴油有双重效果：不但是促进燃烧的添加剂，同时又是燃料。

9. 生物柴油按照科学比例，与石化柴油混合使用，不但油耗低、动力性能好，而且使污染降到最低。

（三）生物柴油的生产原理

目前工业生产生物柴油主要应用的方法是酯交换法。各种天然的植物油和动物脂肪以及食品工业的废油都可以作为酯交换生产生物柴

柴油发动机

油的原料。1分子甘油三酯经一系列化学反应转变为3分子脂肪酸单酯，可使分子量降至原来的1/3，黏度降低到1/8，同时也提高了燃料挥发度。生产所涉及的化学反应主要包括油脂的水解反应、酯化反应和酯交换反应。

1. 油脂的水解反应

油脂在酸性溶液中，经加热，可水解为甘油和脂肪酸，是一种可逆反应。油脂在碱性溶液中更容易水解，由于水解生成的脂肪酸立刻与碱反应生成高级脂肪酸盐，离开反应相，打破了反应平衡，易于使反应进行到底。

2. 肪酸的酯化反应

脂肪酸和醇在酸性催化剂的存在下加热，可以生成酯。为了提高酯的产量，通常加过量的脂肪酸或

食品加工业的废弃油脂

醇，或不断地从反应相中移去生成的水。最常用于酯交换的醇为甲醇，这是由于甲醇的价格较低，同时其碳链短、极性强，能够很快与脂肪酸甘油酯发生反应。

3. 酯交换反应

酯交换是指油脂中的甘油三酯与脂肪酸、醇、自身或其他的酯类作用，而引起的酯基交换或分子重排的过程。生物柴油生产利用了酯交换的醇解反应，即油脂（甘油三酯）与甲醇在催化剂的作用下，可直接生产脂肪酸单酯（生物柴油）和甘油。此反应可以用酸、碱或酶作为催化剂。

（四）生物柴油的原料来源

植物油脂、动物油脂以及废弃油脂等都可以用来制备生物柴油。植物油脂是最为丰富的生物柴油原料资源，可分为草本植物油和木本植物油，占油脂总量的70%以上。

在油脂供应有保障的前提下，油脂的供应价格对生物柴油生产的经济性是至关重要的。一般来说，油脂的成本占生物柴油生产成本的

贴士

甘油通常是无色澄明黏稠液体，用于制造硝化甘油、醋酸树脂、聚氨酯树脂、环氧树脂。硝化甘油是一种黄色的油状透明液体，这种液体可因震动而爆炸，属化学危险品。同时硝化甘油也可用做心绞痛的缓解药物。

70%～80%。

美国、法国和德国等一些发达国家，对生物柴油利用的开发和研究工作越来越重视。美国正在开采利用"工程微藻"作为未来生物柴油的原料，据称其含油量能达60%左右。英国正在研究应用基因技术、改良油菜品种、提高单位种植面积产量。有人认为，在不久的将来人类将继"石油经济"之后迎来"生物质经济"，因为生物质很可能是替代石油为人类提供液体燃料和化工原料的唯一途径。

在欧洲，生物柴油的市场份额占到成品油市场的5%，是生物柴油使用最广泛的地区。欧洲目前主要用菜籽油来生产生物柴油。比如说在德国，已出现大量专门的油菜籽生产社区，有的社区干脆建立了自己的油料加工厂，直接从事生物柴油生产，有的为生物柴油生产厂提供原料。意大利目前用于生物柴

微藻培养的暖房

油生产的能源作物主要为油菜和向日葵，同时已开始实施能源作物种植试验的研究计划，研究土壤、气候条件的适应性，开发能源植物栽培、收获、运输和储存技术。

巴西有充足的生物柴油生产原料，仅东北部地区就有适合种植蓖麻的土地200万公顷。巴西可能成为世界上最大的生物柴油生产国。大豆是巴西广泛种植的油料作物，可以为此将大豆种植面积扩大20%。研究人员成功地对10余种植物进行了试验，植物种类包括棉花、向日葵、玉米、花生和棕榈。多样、

丰富的生物柴油原料，将使巴西成为可再生燃料的主要出口国，带动农村经济和社会的发展。

印度的食用植物油大部分是靠进口，然而印度却生长着多种野生油料植物。如印度生长着大量的麻疯树，由于印度大部分地区处于热带地区，有一亿公顷左右的荒漠面积。麻疯树生长旺盛，3～5年结籽，麻疯树种子的含油量高达25%～30%，非常适合作为生物柴油生产原料。

我国的生物柴油原料资源丰富，我国北方地区盛产大豆油、玉米油、葵花籽油，南部地区盛产菜籽油、棕榈油、椰子油，广大的西北部地区盛产棉籽油，废食用油和地沟油的数量也非常多。因地制宜，选择合适的生物柴油生产原料和合理的税收政策是我国生物柴油推广应用过程中的关键。

目前中国生物柴油的原料来源主要包括酸化油和一些废弃食用油脂。长远发展生物柴油产业，必须考虑到油脂原料的可持续供应，木本油料和油料农作物具有很大的发展优势。

废弃食用油脂

1. 酸化油脚

2004中国食用油消费量接近2000万吨，以20%的废油产生率计算，有近400万吨的原料可以生产生物柴油，可部分缓解中国柴油供应紧张的状况。酸化油脚是榨油厂酸碱精制后的废弃垃圾，酸价较高，在100～150之间，但酸化油收集较难，而且价格波动较大。

2. 废弃食用油脂

废弃食用油脂分四部分：剩饭菜里的中性油；宾馆和饭店洗盘碟时，随水进入隔油池的垃圾；麦当劳、肯德基等快餐业排出的煎炸废油；皮革厂加工时，从牛皮、羊皮上剥下来的一层油脂。这些废弃油脂收购价格差别比较大，量也非常有限。

3. 木本、草本类油脂原料

我国具有种类多样的黄连木、乌桕、油桐、麻疯树等树种，木本油料丰富，目前并没有对其进行充分开发利用。这些树种很适合在我国的山地、高原和丘陵等地域进行生长，这些树种耐旱、耐贫瘠，不与粮食生产争地，具有很强的野生性，而且其采集需要大量劳动力，合乎我国国情。我国西部正在进行退耕还林的生态工程，营造大面积的生物柴油资源林，可将荒山劣势变为荒山优势，不但为我国的工业生产提供了大量的生物柴油原料，也增加了农民和林业从业人员的收

麻疯树

入，这将成为中国发展生物柴油的重要特色。我国像大豆、棉花、菜籽等油料作物资源也比较丰富，与野生木本植物相比，它们每亩的产油量比野生木本植物要高，更适合作为生物柴油原料。但是由于受价格因素的制约，这类原料要与粮食生产结合，必须综合利用以降低生产成本，还要做到不与粮食争地。以菜籽油来发展生物柴油为例，要采用优质品种，如低芥酸、低硫甙、高油收率的品种，提供优质生物柴油原料和动物饲料蛋白；要与农作物生产结合，组织起油菜种植、加工一体化生物柴油生产基地来实现。除国内资源外，也可以从国外进口大豆油、菜籽油、棕榈油等为原料，这也相当于代替一部分进口原油和柴油，关键是原料和成品价格能否与石油竞争。

4. 微生物油脂

微生物油脂也可能是未来生物柴油的重要油源。国外学者曾报道了产油微生物转化五碳糖为油脂的研究。产油微生物的这一特性尤其适用于木质纤维素全糖利用。因此，微生物油脂是具有广阔前景的新型

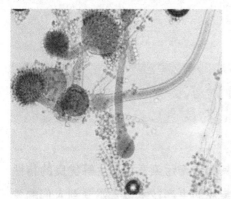

微生物油脂显微镜下图

油脂资源，在未来的生物柴油产业中将发挥重要的作用。

木质纤维素具有来源丰富、品种多、再生时间短的优点。我国纤维素可再生资源非常丰富，如农作物秸秆，除部分用于造纸、建筑、纺织等行业外，大部分未能被有效地利用，有些还造成环境污染。木质纤维素的主要成分为纤维素、半纤维素和木质素，其中纤维素和半纤维素含量超过65%。由于木质纤维素氧含量高，能量密度低，不能直接用作高品质能源产品。

随着现代生物技术的发展，将可能获得更多的微生物资源。如通过对野生菌进行诱变、细胞融合和定向进化等手段能获得具有更高产油能力的或其油脂组成中富含稀有脂肪酸的突变株，提高产油微生物的应用效率。

第二节　SHENGWU CHAIYOU SHENGCHAN
生物柴油生产

生物柴油作为柴油的替代品，以其清洁无污染及可再生等优良的特性越来越受到人们的重视，同时，生物柴油的生产技术也开始受到人们的关注，如何有效地生产出优质的生物柴油，如何扩大生物柴油的原料来源，研究人员一直都在探索着、努力着。

一　生物柴油生产方法的发展

最早出现的从油脂制备的生物柴油并不是现在所定义的长链脂肪酸单酯；从生物柴油的发展历史来看，它的制备方法经历了以下四个阶段。

1. 直接混合

1900年鲁道夫·狄塞尔最早直接将植物油用在他所发明的柴油引擎中；为了降低植物油的黏度，一些科学家又在1983年将脱乳大豆油和柴油混合作为柴油机燃料油。但是植物油的高黏度以及在贮存和燃烧过程中，因氧化和聚合而形成的凝胶、碳沉积并导致润滑油

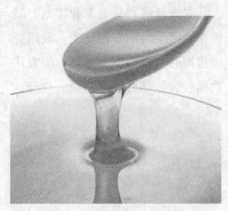

植物油

黏度增大等都是不可避免的严重问题。实践证明，以植物油直接替代柴油或将植物油与普通柴油混合并直接使用到柴油机上是不太实际的。

2. 微乳液法

为解决油脂的高黏度问题，可

使用甲醇、乙醇和1-丁醇进行微乳化，形成微乳液。微乳液是由水、油、表面活性剂等成分以适当的比例自发形成的透明、半透明稳定体系，其分散相颗粒极小，一般在0.01～0.2微米之间。微乳化能使燃烧更加充分，提高燃烧率，但在实验室规模的耐久性试验中，发现注射器针经常被黏住，积炭严重，燃烧不完全，润滑油黏度增加。

3. 热裂解

热裂解是在热或热和催化剂作用下，使一种物质转化为另一种物质的过程。由于反应途径和反应产物的多样性，热裂解反应很难量化，甘油三酯热裂解可生成一系列混合物，包括烷烃、烯烃、二烯烃、芳烃和羧酸等。该工艺的特点是过程简单，没有任何污染产生，但是裂解设备昂贵，过程很难控制，且难以达到产品质量要求，例如当裂解混合物中硫、水、沉淀物及铜片腐蚀值在规定范围内时，其灰分、炭渣和浊点就超出了规定值。

4. 转酯化

这种方法是以长链脂肪酸单酯作为目的产物，也是目前生产生物

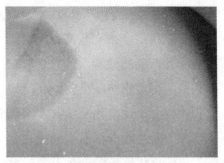

动物油脂

柴油的主要方法。动植物油脂在催化剂的作用下，与以甲醇为代表的短链醇发生转酯化反应，生成长链脂肪酸单酯（生物柴油），同时生成副产物甘油。

二 生物柴油生产技术

1. 化学法转酯化制备生物柴油

酯交换是指利用动植物油脂与甲醇或乙醇在催化剂存在下，发生酯化反应制成脂酸甲（乙）酯。

化学法酯交换制备生物柴油包括均相化学催化法和非均相化学催化法。

均相催化法由碱催化法和酸催化法构成。该催化法过程中需要使用催化剂，像氢氧化碳、氢氧化钾、硫酸、盐酸等都可以作为均相催化法的催化剂。碱催化法被广泛应用

在国外的生产工艺中，虽然碱法在低温下获得的产率比较高，但对于原料中游离脂肪酸和水的含量要求却很高。游离脂肪酸会与碱在反应过程中，会产生皂化反应并产生乳化现象，所含水分则能引起酯化水解，导致皂化反应的产生，同时也减弱了催化剂活性。游离脂肪酸、水和碱催化剂之间会发生反应，产生的乳化结果会使甘油相和甲酯相变得难以分离，使得反应后的处理过程变得非常烦琐。有鉴于此，在工业上一般要对原料进行专业化的脱水、脱酸处理，要么进行专业化的预酯化处理，再以酸和碱催化剂分成两步完成反。由此可见，复杂的工艺使得增加了成本和能耗。游离脂肪酸会在用酸催化制备生物柴油的条件下，发生酯化反应。因此当油料中酸量较大时，或者餐饮业废油，特别适合用该法制备生物柴油。在工业应用上，碱催化法受到的关注程度远大于酸催化法，主要是由于酸催化法的反应周期较长。

传统碱催化法存在废液多、副反应多和乳化现象严重等问题，为此，许多学者致力于非均相催化剂研究。采用固体催化剂不仅可加快反应速率，且还具有寿命长、比表面积大、不受皂化反应影响和易于从产物中分离等优点。

按操作方式分可为间歇法和连续法。

间歇法通常采用搅拌反应釜来生产。醇油比例通常是 $6:1$，反应釜需要密封或者接有冷凝回流装置，操作温度一般为 $65\,℃$。常用的催化剂包括氢氧化钠和氢氧化钾，一般

氢氧化钾固体

皂化反应狭义的讲仅限于油脂与氢氧化钠或氢氧化钾混合，得到高级脂肪酸的钠/钾盐和甘油的反应。这个反应是制造肥皂流程中的一步，因此而得名。

催化剂的加入量范围为1.5%。为了使油相、催化剂和醇相能充分的接触，反应起始阶段一般要求加大搅拌强度使三者充分混合，以使反应更快进行。这种方法所需设备投资少，缺点是生产效率低。一般万吨级以下的生产装置采用此法。

2. 生物酶催化法生产生物柴油

由于化学法合成生物柴油所具有的一些缺点，人们便开始生物酶法合成生物柴油的尝试，即将动物油脂和低碳醇通过脂肪酶进行转酯化反应，生产出所需要的脂肪酸甲酯及乙酯。该法与传统的化学法相比，脂肪酶催化酯化与甲醇解作用更温和、更有效，不仅可以少用甲醇，而且可以简化工序，也就是省去了蒸发回收过量甲醇和水洗、干燥的过程，反应条件比较温和。酵母脂肪酶、根霉脂肪酶、毛霉脂肪酶、猪胰脂肪酶等，是用于催化合成生物柴油的主要脂肪酶。脂肪酶昂贵的价格，限制了在工业规模生产生物柴油中酶作为催化剂的应用，下一步，将研究如何降低脂肪酶成本的方法。像目前提高脂肪酶的稳定性，并使其能重复利用的脂肪酶固定化技术，或将整个能产生脂肪酶的全细胞作为生物催化剂来利用。在工艺方面，研究者也开发了新的工艺路线以提高脂肪酶的重复利用率等。清华大学率先开发出了酶法制备生物柴油新工艺，突破了传统酶法工艺制备生物柴油的技术瓶颈，在湖南海纳百川公司建成了2万吨/年的全球首套酶法工业化生产生物柴油装置，具有很好的应用推广前景。此外，直接利用胞内脂肪酶催化合成生物柴油是一个新的研究思路，这免去了脂肪酶的提取纯化等工序，有望降低生物柴油的生产成本。

3. 超临界法制备生物柴油

超临界反应是在超临界流体参

成品生物柴油

与下的化学反应，在反应中，超临界流体既可以作为反应介质，也可以直接参加反应。它不同于常规气相或液相反应，是一种完全新型的化学反应过程。超临界流体在密度、对物质溶解度及其他方面所具有的独特性质使得超临界流体在化学反应中表现出很多气相或液相反应所不具有的优异性能。用植物油与超临界甲醇反应制备生物柴油的原理与化学法相同，都是基于酯交换反应，但超临界状态下，甲醇和油脂成为均相，均相反应的速率常数较大，所以反应时间短。另外，由于反应中不使用催化剂，故反应后续分离工艺较简单，不排放废碱液，目前受到广泛关注。

在超临界条件下，游离脂肪酸（FFA）的酯化反应防止了皂的产生，且水的影响并不明显。这是因为油脂在200℃以上会迅速发生水解，生成游离脂肪酸、单甘油酯、二甘油酯等。而游离脂肪酸在水和甲醇共同形成微酸性体系中具有较高活性，故能和甲醇发生酯化反应，且不影响酯交换反应继续进行。但过量水不仅会稀释甲醇浓度，而且降低反应速率，并能使水解生成一部

分饱和脂肪酸不能被酯化而造成最后生物柴油产品酸值偏高。研究发现，软脂酸、硬脂酸、油酸、亚油酸和亚麻酸等，都存在于植物油中的FFA，在超临界条件下都能与甲醇反应生成相应的甲酯。最适合饱和脂肪酸的温度是400℃～450℃，在不饱和酸中，所含有的甲酯在高温下发生热解反应，因此在350℃下反应效果较好。甲醇在超临界状态下具有疏水性，甘油三酯能很好地溶解在超临界甲醇中，因此超临界体系用于生物柴油的制备具有反应迅速、不需要催化剂、转化率高、不产生皂化反应等优点。虽然产品纯化过程得到简化，由于超临界法

生物柴油成品

制备生物柴油的方法需要高温高压的条件，因此需要具备较好的设备，设备的投入固然大。一般来说，油脂的成本占生物柴油生产成本的70%～80%。

三 按原料区分生物柴油生产技术

1. 植物油生产生物柴油

在植物油制取生物柴油的技术方面，已将其实现工业化应用的国家不多，主要有法国石油研究院开发的 Estrfip 工艺技术，实现从产品中脱除对柴油发动机有害的杂质，是该技术最大的特点。Estrfip 工艺是连续式生产，在碱催化剂存在下，由无水甲醇与植物油发生酯基转移反应，然后用倾泻法将甲醇酯与甘油完全分离，最后酯相经水洗及纯化、除去痕量催化剂颗粒、再经真空蒸发得到产品。

酯基转移反应是实现生物柴油合成的一般较简单方法，使植物油与醇类生成酯类，并且联产丙三醇，在这过程中不需要太多种物质，只需油、醇和催化剂，催化剂的醇多选用甲醇。反酯化工艺是建立在碱催化或酸催化的基础之上，反酯化优于酸催化，过程转化率高达98％，在常压和低温的条件下直接进行转化，并没有中间步骤。油的分子是三甘油酯，含有3个脂肪酸链，联结于甘油分子骨架上。催化剂一般采用氢氧化钠，催化剂用量为植物油的1％。催化剂的作用是使链断开并与甲醇反应生成甲酯，副产甘油（丙三醇）。

2. 利用非食用油生产生物柴油

利用非食用油，借助酶法即脂酶进行酯交换反应，混在反应物中的游离脂肪酸和水对酶的催化效应无影响。反应液静置后，脂肪酸

生物柴油生产车间

甲酯即可与甘油分离，从而可获取较为纯净的柴油。但有几点值得注意：不使用有机溶剂就达不到高的酯交换率；反应系统中的甲醇达到一定量时，脂酶就失去活性；反应时间比较长；一般来说，酶的价格比较高。这些问题都有待研究解决。

用发酵法生产生物柴油的技术，由日本大阪市工业研究所首先研发出来，并成功地开发完成了使用固定化脂酶连续生产生物柴油的技术，既降低了生产成本，又不需要进行废液处理，其生产可实现零排放。采用酶固定化技术生产生物柴油，要想提高生产效率，就要在反应过程中分段添加甲醇。作为一种假丝酵母的固定化酶，由这种固定化酶与载体一起制成反应柱，用于生物柴油的生产。这种脂酶连续使用100天后，仍然具有活性。反应液经过几次反应柱后，可以静置反应物，分离出甘油后，即可直接将其用作生物柴油。

3. 利用甘蔗渣发酵生产柴油

还可以利用甘蔗渣为原料，发酵生产优质生物柴油，这时植物油酶法生产生物柴油技术所做不到的，1吨甘蔗渣的能量相当于1桶石油的能量。加拿大的一家技术公司已建成了每天生产6桶生物柴油的装置，正在将这一成果转化为现实的生产力。该公司计划建成每天25吨工业生产规模的生产装置。

4. 利用生物质生产清洁柴油

利用农业副产品，包括稻草、玉米秆、小麦秆等生产生物柴油等清洁燃料的技术目前由韩国、日本、中国共同研究，研究表明亚洲和全世界的农业国可用此技术合成清洁燃料，该工艺为一次通过式流程，压力条件相当缓和。

在生物柴油催化剂方面研究也有较大进展。由 Benefuel 公司与印度国家化学实验室联合开发的

贴士

桶是石油工业常用的原油和石油产品的体积单位。桶作单位是因为最早的石油原油是用啤酒桶来运输的。美孚石油公司使用家族自产的木桶，规格为一桶42加仑整，美国在1876年内战前，采用该标准，即后来的统一标准。

稻草

专利催化剂基于铁锌双金属氰化物（DMC）的络合物，它可使绝大多数的植物油、动物脂或废弃烹调油直接转化为脂肪酸甲酯（FAMA）。与其他固体酸催化剂不同，三甘油酯的反酯化反应和游离脂肪酸（FFA）的酯化反应同时进行时，DMC 对其反应也具有较高的活性。在废弃的烹调油和非食用油中存在着游离脂肪酸（FFA）。新催化剂对水的存在（甚至达 20% 水）也不敏感，而其他的固体催化剂则不允许水含量高于 0.2%。

5. 利用麻疯树油生产柴油

一种耐干旱、适宜种植在贫瘠土壤上的植物——麻疯树（又称小油桐树、膏桐），正在击败大豆、菜籽、蓖麻、花生及餐饮回收废油等其他生物柴油原料，而令中外能源巨头青睐有加。麻疯树作为生产生物柴油的原料，具有非常大的优势，其最大的特点是无毒、纯天然、具有生物可降解性。另外，麻疯树具有较高的经济价值，是各国所公认物能源树，工业生产的肥皂及润滑油的原料大部分是麻疯树的种仁。

麻疯树能够连续结果 30 年左右，其果籽含油量高，能够达到 60% 以上，10 亩麻疯树林产的种子可榨取 1 吨原油，将原油甲酯化反应进行进一步的加工处理后，1 吨原油可制得约 0.98 吨生物柴油。麻疯树籽的染料产量与大豆、谷物相比，是大豆的 4 倍，谷物的 10 倍。

（四）影响转酯反应的主要因素

1. 反应温度

当进行酯交换反应时，温度低于最佳反应温度时，反应减慢，产率

麻疯树果实

降低；温度高于最佳反应温度时，甲醇的挥发加快，使得液相中的甲醇浓度降低，进而产率降低。反应产率会随着温度的升高，呈现出先升高后降低的趋势，而且只有在温度控制在60℃~80℃范围内时才会出现这种趋势。由于随着温度的升高，反应物活性增大，反应速度加快，产率上升；反应温度超过70℃后，70℃的温度高于甲醇的沸点，导致反应系统中的大量甲醇挥发至气相中，从而导致了产率的下降。

2. 醇油比

酯交换反应中，1摩尔甘油三酯与3摩尔甲醇混合，产生3摩尔脂肪酸甲酯和1摩尔甘油。过量的甲醇可推动反应向正反应方向移动，从而提高酯交换反应的转化率。研究表明，在甲醇与植物油的物质的量比为6：1时，生物柴油的产油率最高，可达到85%。进一步增加甲醇的浓度可导致反应体系中极性的增加，从而使反应速度稍微减慢，生物柴油产率稍有下降。

3. 催化剂

转酯反应可以由酸催化，也可以由碱催化，但在工业生产中，

由于碱性催化剂对生产设备腐蚀性相对较小而被广泛应用。氢氧化钾是最有效的碱性催化剂，有时也常用氢氧化钾。氢氧化钾浓度在0.5%~1.0%时，随着氢氧化钾浓度的提高，生物柴油产率明显提高。进一步增加氢氧化钾浓度，产率有所下降，这主要是由于氢氧化钾与脂肪酸甲酯发生皂化反应而造成的。

氢氧化钠固体

4. 搅拌强度

酯交换反应属于传质控制反应，由于甲醇与甘油三酯形成一个两相分层液体系统，增加搅拌强度，改善传质，可以加强活性中间体甲氧基由甲醇相向甘油三酯相传递的速度，促进甲氧基对甘油三酯的进攻。随着搅拌强度的增加，可以使反应系统中传质作用增强，产率明显增加。但在实际应用中还要注意搅拌

强度与温度变化之间的关系。

5. 反应时间

醇油比为6∶1、反应温度为60℃时，以氢氧化钾为催化剂，进行转酯反应。研究表明，在开始阶段，随着反应时间的延长，产率有明显的上升，但当反应时间超过20分钟之后，产率反而又有所下降。而后随着反应时间的延长，产率逐渐趋于一个稳定值。而当反应时间延长后，不仅对生物柴油的产率没有提高作用，而且会引起副反应——皂化反应的发生，所以反应时间应当控制在30分钟之内。

6. 反应物纯度

油脂的纯度在很大程度上影响着转酯的效率。粗植物油仅有65%~84%的转化率，而同样条件下，经提纯后的油脂转化率可达到94%~97%。粗油脂中游离脂肪酸可降低催化剂的催化效率，而在高

温高压下反应可解决这个问题。

五 各国研究应用现状

1. 欧洲

如今生物柴油技术的应用，在欧洲工业中方兴未艾。1992年，欧洲提出了预留地政策，主要是为了应对欧洲的共同农业政策改革的需要，该政策给非实物性作物生产进行了大量的补贴，使得预留地在非农方面得到了巨大的应用。用这些预留地来种植生物柴油的原材料的话，那么将会获得最高的预留地补贴，因为该原料的产品是绿色环保的生物柴油燃料。随着生物柴油广泛应用，工业上对油料作物的需求越来越多，专门用来种植油料作物的预留地，1996年时就达到了将近90万公顷，并且还在不断地增长。除此之外，欧洲各国都征收高额的燃油税，燃料税一般就占到柴油零

> 人体中的游离脂肪酸是中性脂肪分解成的物质。当肌肉活动所需能源——肝糖原耗尽时，脂肪组织会分解中性脂肪成为游离脂肪酸来充当能源使用。所以，游离脂肪酸可说是进行持久活动所需的物质。

生物柴油生产厂

售价格的50%，有时甚至更多。1994年2月，欧洲议会迫于欧洲绿党、环保组织和民间团体的强大政治压力，最终决定将生物柴油90%的税收给予免除。立法支持、差别税收以及对油料生产进行补贴，共同促进了在一些欧洲国家的生物柴油在价格方面具备了竞争力。

1992年，德国斯凯特公司建立了生物柴油生产装置，该装置可以进行连续化地生产作业。由于该项技术不断发展，斯凯特公司已在欧洲建立了7套该生产装置，最大的一处生产装置位于德国，目前已经具备了11万吨的年处理量。德国的生物柴油生产厂已有10家，全国可加注生物柴油的加油站已经有300多个。德国生物柴油已经具备了100万吨的年生产能力，国家生物柴油的质量标准主要体现在政府制定的DIN 51606标准中，并且对生物柴油给予政策性税收减免。相关法律法规的颁布实施，使得自2004年起，无需标明即可在石化柴油中最多加入5%的生物柴油。就市场价格而言，生物柴油比石化柴油要低，德国该法规的颁布促进了对生物柴油加工设备的生产和投资力度。

法国7家生物柴油生产厂的年总生产能力为40万吨。在普通柴油中掺加5%的生物柴油，已成为生物柴油在法国的应用标准，法国对生物柴油也已经免于征税。奥地利现有3个生物柴油生产厂的年总生产能力约5.5万吨，相比其他几个生物柴油应用大国而言，年总生产能力较小，奥地利生物柴油的税率是石化柴油的4.6%。比利时有两个生物柴油生产厂，总生产能力约每年24万吨。此外，在新加入欧盟的国家中，如捷克、波兰、匈牙利等国，目前也在积极发展生物柴油的项目。欧洲的各大汽车制造商，在其生产制造的各款柴油轿车和卡车中，均能使用满足欧盟标准的生物柴油，像奥迪、大众、奔驰、菲亚特车企业就是这样，而且这些车企业同样给予这些车辆以相同的机械保证和保养。

2. 美国

美国在 1990 年的空气清洁法案后，才开始了对生物柴油的关注。该法案要求降低柴油燃料中硫的含量，柴油废气排放的规定也要降低。美国 1992 年的能源政策法案，确立了到 2000 年时，非石油代用燃料要替换 10% 的发动机燃料，到 2010 年时，将这一比例提高到 30%。而实际情况是，2010 年时，美国并没有达到这一目标。目前美国生物柴油的年生产能为在 22.71 万～30.28 万立方米，合 20 万～26.5 万吨，美国

正计划投资新建几套生物柴油装置，来扩大生物柴油的产量。在美国联邦政府新制定的政策中，倡导使用生物柴油，更倡导普及使用环境友好型燃料，再加上国际油价的节节攀升，生物柴油在美国的生产能力将会逐步增长。位于美国西部的中央大豆公司，将在依阿华州拉尔斯顿建立一套年生产能力为 4 万吨的生物柴油装置，这将是迄今为止美国最大的生物柴油生产装置。

3. 其他国家

早在 20 世纪 90 年代初期，卡诺拉菜籽的市场价格比较高，而谷类的

生物柴油成品

市场价格较低，由于近几年谷类的加工运输成本上升，随着卡诺拉菜籽产量的增加，卡诺拉菜籽的市场价格呈下降趋势，现在卡诺拉菜籽是加拿大用于生产生物柴油的原料。尽管如此，其生产的生物柴油还是比生产食用油的市场价格高。但是，现在存在一种生产潜力，即可以用加热过度或者被霜冻坏的菜籽生产质量稍低的卡诺拉菜籽油，并将低级的卡诺拉菜籽油作为生产生物柴油的原料，生物柴油的质量带也不会受影响。目前，加拿大生物柴油的年产量和消耗量估计仅几万吨，还处于开发利用的初级阶段。

巴西已经生产出一种以蓖麻油为原料的低污染、可再生的生物柴油。里约热内卢联邦大学日前已与麦当劳连锁店签署了利用回收残油进行生产汽车燃料试验的协议。根据协议中的规定，麦当劳每月向联邦大学无偿提供 1.5 万升食品残油，

该大学从食品残油中提炼燃料，该燃料的实验对象则是里约热内卢州政府的汽车。泰国发展生物柴油的计划开始于 2001 年 7 月，在该计划的初期，泰国石油公司每年要将 7 万吨的棕榈油和 2 万吨的椰子油，作为生产生物柴油的原料，国家对生物柴油免予征税，到目前为止，泰国第一套生物柴油装置已经投入运行。马来西亚在棕榈油和废油生产生物柴油方面，也取得了一定成就，但该国家对生物柴油的使用量并不是很大。菲律宾、保加利亚、韩国等也在全国范围内进行着生物

油脂植物之一麻疯树

棕榈树属常绿乔木，高可达七米；干直立，不分枝，原产我国，除西藏外我国秦岭以南地区均有分布，常用于庭院、路边及花坛之中，适于四季观赏。木材可以制器具，叶可制扇子、帽子等工艺品，根可以入药。

柴油的推广使用。

4. 我国生物柴油研究进展

生物柴油在我国的发展速度很快，虽然我国对生物柴油的研发起步较晚，但是一部分科研成果目前已达到了国际领先水平。我国对生物柴油的研究内容比较广泛，包括油脂植物的分布、选择、培育、遗传改良，各项加工工艺和加工设备，我国目前已经取得了阶段性的科研成果。《绿色化学与化工》一书的出版，在我国首先明确提出了发展清洁燃料生物柴油的相关课题研究，早在 20 世纪 80 年代，原机械工业部和原中国石化总公司就已经拨出专款，由上海内燃机研究所和贵州山地农机所承担研究课题，开始对生物柴油生产技术进行了不同程度的研究，而且一直进行了长达 10 年之久的联合研究。除此之外，辽宁省能源研究所、中国科技大学、河南科学陆军化学所等单位也都对生物柴油进行着相关的研究。

"燃料油植物的研究与应用技术"作为我国"八五"重点科研项目之一，由中科院负责进行研究，中科院首先完成了对金沙江流域植物资源的调查研究，并掌握了相关的技术，建立了麻疯树栽培示范区。20 世纪 90 年代初，能源植物和生物柴油的相关研究，由长沙市新技术研究所与湖南省林业科学院联合进行，该项目在"八五"期间完成了对光皮树油制取甲酯燃料油的工艺实验，掌握了它们的燃烧特性。国家重点科研攻关项目"植物油能源利用技术"，在"九五"期间完成。

1999 ~ 2002 年，由湖南省林业科学院主持并承担了，国家林业局对国外先进林业技术项目——"能源树种绿玉树及其利用技术"的引进。从南非、美国和巴西引进绿玉树优良无性系优良树种，在绿

贴士

绿玉树也称光棍树或者青珊瑚，是原产非洲的直立灌木或小乔木。枝呈肉质，圆柱状，绿色，簇生或散生。其乳汁有毒，绿玉树汁液有促进肿瘤生长的作用，通过促使人体淋巴细胞染色体重排而致癌。

玉树乳汁榨取设备研制、乳汁成分和燃料特性分析、乳汁催化裂解研究等方面取得阶段性胜利。

2000年开始，我国才正式重视对生物柴油科学研发，我国目前已有河北、福建、四川等地的多条生物柴油生产装置，但是全部的实际年产数量估计仅为万吨左右。2001年9月南海正和生物能源有限公司在河北邯郸建成年产1万吨生物柴油的试验工厂，标志着我国生物柴油产业的诞生。四川古杉油脂化学公司，在2002年8月时，用植物油的下脚料为原料，成功地开发出了生物柴油，而且性能指标达到了德国标准。2002年9月，福建省龙岩市也建成了年产2万吨生物柴油的装置。

从2001年开始，直到今天，在中国工程院、国家经济贸易委员会的组织带头下，石油化工研究设计院、农业部新能源处、中石化设计研究院、国家发改委能源所、中石化集团、中国油品检验中心等各相关部门和单位，就有关生物柴油在中国的开发利用，以及标准制定等方面进行了多次论证研究。据预测，到2020年，我国生物柴油生产能力将达到200万吨。但与国外相比，我国在发展生物柴油方面还有相当大的差距，多处于初级研究阶段，未能形成生物柴油的产业化，政府尚未针对生物柴油提出一套扶植、优惠和鼓励的政策办法，缺乏统一的生物柴油质量标准和实施产业化发展战略。

我国生物柴油生产厂

第七章

Chapter 7

生物质能其他利用

广义上讲，生物质能是太阳能的一种表现形式，但作为一种地球上所特的能源，其利用方式与太阳能的利用有着极大的差别。生物质能在地球上资源较为丰富，而且是一种无害的能源，因此对其开发利用也就成了必然，而各种利用方式也是各有不同，除了上文中讲到的部分，还有其他的形式，接下来，就一起看一下其他的利用方式。

第一节 SHENGWUZHI YEHUA
生物质液化

生物质直接液化是指生物质放在高压设备中，添加适宜的催化剂，在一定的工艺条件下反应制成液化油。直接液化与前文中提到的快速热解相，都可以把生物质中的碳氢化生物转化为液体燃料，其不同点是液化技术可以生产出物理稳定性和化学稳定性都更好的液体产品。

一 生物质直接液化

通过化学方式，将生物质转换成液体产品的过程就是液化，液化又分为间接液化和直接液化两类。间接液化需要先把生物质气化成气体，再将气体进一步合成为液体产品。而直接液化，是将生物质与一定量溶剂混合放在高压釜中，抽真空或通入保护气体，在适当温度和压力下将生物质转化为液体的燃料或化学品的技术。

直接液化根据液化时使用压力的不同，又可以分为高压直接液化和低压（常压）直接液化。

高压直接液化的液体产品一般

被用为燃料油，但它与热解产生的生物质油一样，也需要改良以后才能使用。

由于高压直接液化的操作条件

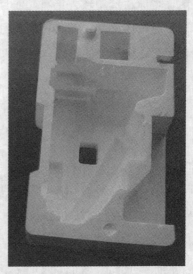

高分子产品聚氨酯泡沫塑料

较为苛刻，所需设备耐压要求高，能量消耗也较大，因此近年来低压甚至常压下直接液化的研究也越来越多，其特点是液化温度通常为120℃～250℃，压力为常压或低压（小于2兆帕），常压（低压）液化的产品一般作为高分子产品（如胶黏剂、酚醛塑料、聚氨酯泡沫塑料）的原料，或者作为燃油添加剂。

直接液化的目的在于，将生物质转化成高热值的液体产物，直接液化是一个热化学过程。生物质液化的实质是，将固态的大分子有机聚合物转化为液态的小分子有机物质。该过程主要包括三个阶段：第一，对生物质的宏观结构进行破坏，使其分解为大分子化合物；第二，对大分子链状有机物进行解聚，使之能被反应介质溶解；第三，在高温高压作用下，经水解或溶剂溶解以获得液态小分子有机物。

二　生物质直接液化工艺

将生物质转化为液体燃料，需要加氢、裂解和脱灰过程。生物质原料中的水分一般较高，含水率可高达50%。在液化过程中水分会挤占反应空间，需将木材的含水率降到4%，且便于粉碎处理。将木屑干燥和粉碎后，初次启动时与溶剂混合，正常运行后与循环相混合。木屑与油混合而成的泥浆非常浓稠，且压力较高，故采用高压送料器送至反应器。反应器中工作条件优化后，压力为28兆帕，温度为371℃，催化剂浓度为20%的碳酸钠溶液，一氧化碳通过压缩机压缩至28兆帕输送至反应器。反应的产物为气体和液体，离开反应器的气体被迅速冷却为轻油、水及不冷凝的气体。液体产物包括油、水、未反应的木屑和其他杂质，可通过离心分离机将固体杂质分离开，得到

生物质油

的液体产物一部分可用作循环油使用，其他（液化油）作为产品。

（三）生物质直接液化产物及应用

液化产物的应用：木质生物材料液化产物除了作为能源材料外，由于酚类液化产物含有苯酚官能团，因此可用作胶黏剂和涂料树脂，日本的小野扩邦等成功地开发了基于苯酚和间苯二酚液化产物的胶黏剂，其胶合性能相当于同类商业产品，同时他们正在研发环氧树脂增强的酚类液化产品，可利用乙二醇或聚乙烯基乙二醇。

醇木材液化产物生产可生物降解塑料如聚氨酯；木材液化后得到的糊状物与环氧氯丙烷反应，可以制得缩水甘油醚型树脂，向其中加入固化剂如胺或酸酐，即可成为环、氧树脂胶黏剂。

日本森林综合研究所于 1991 年开始对速生树种进行可溶化处理，开发功能性树脂的研究，一经苯酚化的液化反应物添加甲醛水使之树脂化，再添加硬化剂、填充剂等制成胶黏剂。但目前由于各方面的原因，木材液化产物还没得到充分利用，其产业化还存在很多问题。

高分子树脂颗粒

此外，还可利用液化产物制备发泡型或成型模压制品，可利用乙二醇或聚乙烯基乙二醇木材液化产物生产可生物降解塑料如聚氨酯。研究者采用两段工艺制备酚化木材/甲醛共缩聚线型树脂，该制备工艺能将液化后所剩余的苯酚全部转化成高分子树脂，极大地提高了该液化技术的实用价值，也大大地提高了酚化木材树脂的热流动性及其模压产品的力学性能。

（四）生物质与煤共液化

煤与生物质废弃物共液化，主要是利用生物质中的富氢，将氢传递给煤分子使煤得到液化，由于反应中生物质中的氢原子传递给煤，因此生物质的物理和化学性质发生了很大变化。想关的研究已经表明：煤与生物质类废弃物共液化，对于提高液体产品的收率和产品质量发挥重要作用。当煤与木质素共液化时，可降低煤的液化温度。与煤单独液化不同的是，煤与生物质共液化后的液化产品质量，明显比以前得到改善，液相产物中低分子量的戊烷可溶物也有所增加。木质素在热解作用下会形成苯氧自由基，其他反应性自由基也会形成，这些自由基在低温下，可以促进煤基的热解作用。当使用含有苯酚类基团的溶剂进行液化时，煤的转化率也有显著增加。

五 生物质直接液化研究现状

生物质直接液化始于20世纪60年代，当时美国的一些科学家尝试将木片、木屑放入硫酸钠溶液中，用一氧化碳加压至28兆帕，使原料在350℃下反应，结果得到40%～50%的液体产物，这就是著名的PERC法。

目前，欧美等国家正积极开展这方面的研究工作，其基本原理的研究也在不断展开。近年来，人们不断尝试采用氢气加压，使用溶剂及催化剂等手段，使液体产率大幅度提高。但各种工艺为了便于气体输送，同时又保持高温下的液体系统，均有一个共同特点，即采用高压（高达5兆帕）和低温（250℃～400℃）。此外液化工艺

木材是目前生物质液化研究的材料

进料一般以溶剂作为固相载体来维持浆状，以氢氧为氧化还原气体，而且还要使用催化剂。其溶剂是廉价且性质为人所熟悉的水。木材用水作溶剂可得到产率为45%的油，其含氧量为20%～25%。另外，液化过程中加入氢处理的二步法加工工艺也可得到烃产品。

生物质直接液化是远期目标，目前重点放在基础研究上。国内外对直接液化技术的研究主要集中在实验室层次上液化机理的探索、液化溶剂的选择、液化工艺的确定及液化产物的利用等方面，迄今为止，直接液化的反应机理不明晰、液化技术不成熟、工业化生产及产物的商业化利用还未见报道。根据各国的研究及发展动态，直接液化技术呈现出以下几个发展趋势：对液化机理的深入探索；绿色液化溶剂及催化剂的研制；液化工艺及设备的产业化开发；液化产物的高效利用。

生物质固化

　　生物质固化是生物质转化的主要形式，它是将生物质粉碎至一定粒度，在高压条件下，挤压成一定形状。生物质固化解决了生物质形状各异、堆积密度小且松散、运输和储存不方便的问题，提高生了生物质的使用效率。

一 生物质压缩成型

　　将分布散、形体轻、储运困难、使用不方便的纤维素生物质，经压缩成型和炭化，加工成燃料，能提高容量和热值，改善燃烧性能，成为商品能源。这种转换技术越来越被人们所接受。这种技术也被称作"压缩致密成型"或"致密固化成型"。

　　成型燃料最早是由英国一家机械工程研究所研制成功的，原料是泥煤，再用于加工褐煤和精煤，逐步发展到用于加工制纸厂的废弃物。20世纪30年代，美国开始设计螺旋式成型压缩机，同时，现代化的活塞成型机在瑞典、德国得到推广，以锯末为原料的燃料块在市场上有了竞争力。螺旋式生物质成型机被日本在20世纪50年代研制出来，逐步推广到了我国的台湾地区、泰国、欧洲国家、美国等国家和地区。50年代后，以油压、水压为动力的生物质压缩成型设备，和以机械为动力的小颗粒成型设备相继问世。

　　20世纪80年代，生物质压缩成型技术得到了较大规模的发展。主要

螺旋式生物质成型设备

是受当时的时代背景影响的，能源危机使得石油价格上涨，西欧国家、美国的木材加工厂提出了用木材实现能源自给的主张。因此，生物质压缩燃料发展很快，在西欧国家及日本等国家已成为一种产业，印度和东南亚一些国家对这项技术的研究应用也相当重视。1984年，日本已有172家工厂生产生物质压缩材料，总产量达26万吨/年。

生物质压缩成型技术的研究，也得到了我国政府的关注和支持，在国家科技部、经贸委、计委共同编写的《中国新能源和可再生能源发展纲要（1996～2010年）》中，我国政府提出了要把发展高效直接燃烧技术、致密固化成型技术、气化液化技术，作为今后能源工作的一个重点方面。1993年前后，我国大陆一部分企业，从日本、比利时、美国等引进20条生物质压缩成型生产线，基本上都采用螺旋挤压式，以锯末屑为原料，生产"炭化"燃料。

近年来，在生物质压缩成型技术方面，许多国家进行了国际合作。如荷兰、印度、泰国、菲律宾、马拉西亚、尼泊尔、斯里兰卡7个国家共同参与的生物质致密化项目就是一个典型的国际合作项目，该项目主要是由荷兰政府资助的，该项目已经完成了第一和第二阶段的研究工作，第三阶段将着重进行工程示范和技术推广。

生物质压缩成型所用的原料主要有：锯末、木屑、稻壳、秸秆等。这些纤维素生物质细胞中含有纤维素、半纤维素和木质素，占植物体成分2/3以上。纯纤维素呈白色，密度为1.50～1.56克/立方厘米。

木屑

半纤维素穿插于纤维素和木质素之间，结构比较复杂，在酸性水溶液中加热时，能发生水解发应，而且比纤维素水解容易，水解速度也快得多。半纤维素的水解产物主要是单糖，其水解特性对将生物质转换成液体燃料有一定价值。

木质素是一类以苯基丙烷单体为骨架的，具有网络结构的无定性高分子化合物，不同植物的木质素含量、组成和结构不尽相同。呈白色或接近白色，在常温下其主要部分不溶于任何有机溶剂。木质素是非晶体，没有熔点，但有软化点。当温度达70℃～110℃时，木质素发生软化，黏合力增加；在200℃～300℃时，软化程度加剧，进而液化，此刻施加一定压力，可使其与纤维素紧密黏结。因此，在热压缩过程中，无需黏结剂，即可得到与挤压模具形状相同的成型棒

秸秆的粉碎成型设备

状或颗粒状燃料。大部分纤维素生物质都具有被压缩成型的基本条件，但在压缩成型之前，一般需要进行预处理，如粉碎、干燥（或浸泡）等，而锯末、稻壳无需再粉碎，但要清除尺寸较大的异物。

（二）生物质压缩成型的原理

生物质原料结构比较疏松，密度较小，这是由植物生理特性所决定的。质地松散的生物质原料，当受到一定的外部压力后，体积减小，密度增大，原料颗粒先后经历重新排列位置关系、颗粒机械变形和塑性流变等阶段。在水分存在时，用较小的作用力即可使纤维素形成一定的形状；当含水率在10%左右时，需施较大的压力才能使其成型，但由于非弹性或黏弹性的纤维分子之间互相缠绕和绞合，在去除外部压力后，一般不能再恢复原来的形状，成型后结构牢固。

对于黏弹性组分含量较高的原料，比如说木质素等，如果木质素，随着成型温度达到软化点，便会发生塑性变形，从而将原料纤维紧密地黏结在一起，并维持既定的形状。经冷却降温后，成型燃料的强度增大，因此得到的燃烧性能与木材的生物质成型燃烧块差不多。当原料中木质素含量较低时，就要加入适当比例的黏土、淀粉、废纸等无机、有机和纤维类黏结剂，以便于使压缩后的成型块，致密结构，形状固定。加入黏结剂后，生物质粒子表面会会有吸附层产生，使颗粒之间受范德华力的作用产生一种引力，当处于在较小外力作用时，粒子之间也可以产生静电引力，致使

生物质粒子间形成连锁结构。

被粉碎了的生物质粒子在外力和黏结剂作用下，重新组合成具有一定形状的生物质成型块，这种成型方法需要的压力比较小，对于某些容易成型的材料则不必加热，也不必加黏结剂，但粉碎颗粒细小时，成型压力要大，滚筒挤压式小颗粒成型实际就是这种类型。

生物质成型颗粒产品

（三）生物质压缩成型工艺流程

1. 生物质收集

生物质收集作为工序之一，显得很重要。生物质要在加工厂进行规模化集中，需要考虑三个问题：一是加工厂的服务半径；二是农户供给加工厂原料的形式，是整体式还是初加工包装式；三是原料的枯萎度，也就是原料在田间经风吹、日晒后的自然状态脱水程度。如果不是由机械收割、打捆，枯萎度应大些。另外要特别注意收集过程中尽可能少夹带泥土，泥土多了，容易在燃烧时结渣。机械化收集可解决这一问题。

2. 物料粉碎

粉碎是压缩成型前对物料的基本处理，粉碎质量好坏直接影响成型机的性能及产品质量。例如在颗粒成型过程中，如果原料的颗粒过大，则物料必须在成型机内碾碎以后才能进入成型孔，这样成型机就要消耗大量功率。在颗粒成型过程中，成型机也能进行一定的粉碎作业，但不会像粉碎机那样高效，因此要求粉碎作业尽可能在粉碎机上完成。不是对所有供给压缩成型的物料都需进行粉碎作业，如利用锯

生物质收集运输可以用秸秆打包机打捆，秸秆打包机可压制青贮秸秆、干玉米秸秆、各种秸秆碎末、废旧塑料薄膜等，进行打捆，并可自动装袋包装，大大提高了生物质收集运输效率。

末、稻壳等为原料进行热压成型时，往往只从原料中清除尺寸较大的异物，不进行粉碎即可压缩成型。但是对于一般木屑、树皮及植物秸秆等尺寸较大的农林废弃物，都要进行粉碎作业，而且常常进行两次以上粉碎，并在粉碎工序中间插入干燥工序，以增加粉碎效果。

物料粉碎

对于种类较为复杂、尺寸较大的原料往往进行三次粉碎作业，第一次粉碎只能起到使原料尺寸匀整的作用，经过第二次粉碎、干燥及第三次粉碎以后才能满足成型机对原料粒度的要求。对于颗粒成型燃料，一般需要将90%左右的原料粉碎至2毫米以下，而且尺寸较大的树皮、木材废料等，第一次粉碎只能将原料破碎至20毫米以下，经过第二次粉碎才能将原料粉碎到5毫米以下，有时甚至不得不进行第三

次粉碎。

粉碎作业用得最多的是锤片式粉碎机。对于树皮、碎木屑、植物秸秆等，锤片式粉碎机能够较为理想地完成粉碎作业。粉碎物的粒度大小可通过改换不同开孔大小凹板来实现。但是对于较粗大的木材废料，一般先用木材切片机切成小片，再用锤片式粉碎机将其粉碎。

3. 干燥

成型（燃料或饲料）中水分含量很重要，国内外使用的都是经验数据，不是理论计算数据。水分含量超过经验上限值时，加工过程中，温度升高，体积突然膨胀，易产生爆炸，造成事故；若水分含量过低，会使范德华力降低，不易成型。因此生物质原料粉碎后，要有一个脱水程序，最佳湿度为10%～15%，

回转圆筒干燥机

但活塞式成型机因其加工过程是间断式的，因此可以适当高些（16% ~ 20%）。

通过干燥作业，使原料的含水量减少到成型所要求的范围内。与热压成型机配套使用的干燥机主要有回转圆筒干燥机、立式气流干燥机等。

4. 预压缩

为了提高生产率，即在推进器"进刀"前把松散的物质预压一下，然后推到成型模前，被主推动器推到"模子"中压缩成型。预压多采用螺旋推动器、液压推动器，也有用手工预压的，这与要求的产量有关，生产单位可以自主选择。

5. 压缩

"成型模"是生物质成型的关键部件，它的内壁是前大后小的锥形，物料进入模具后要受三种力，即机器主推动力、摩擦力、模具壁的向心反作用压力。影响机器主推动力大小的是摩擦力和模具的密度、直径等，影响摩擦力大小的是夹角（模具张开角的一半）和模具温度。夹角越大，摩擦力越大，物料的密度也要加大，总动力也要加大，因而夹角的设计是关键因素，它随着直径和密度、材料种类有不同的要求。为了便于调整"模子"，设计有内模和外模，外模是不变的，内模是可以调换的。

6. 加热

在对生物质原料进行压缩成型时，需要对其进行加热，通过加热作用，可以使原料中的木质素软化，起到黏结剂的作用；加热作用还可以使原料本身变软，容易进行压缩。加热温度会因成型机的不同，对成型机的工作效率产生影响。例如棒状燃料成型机，机器的结构尺寸是相对确定的，加热温度就应该根据机器的结构，使得温度保持在一个

贴士

摩擦力是两个表面接触的物体相互运动时互相施加的一种物理力，虽然如此摩擦力在一些方面上造成了能量的浪费，但是确实是不可或缺的，没有摩擦力的话鞋带无法系紧、螺丝钉和钉子无法固定物体。

合理的范围内。温度过低，原料成型困难，增加能耗；温度增高，电机的能耗减小，成型的压力就会减小，使得成型物挤压密度变小，容易发生断裂破损。用该机型进行加热时，温度控制在150℃～300℃之间，而且视原料的不同形态做出相应的调整。颗粒燃料在成型过程中，没有外热源对其进行加热，但是由于原料和机器部件之间的相互摩擦，原料也会受热，使得燃料温度达到100℃左右，同样可使原料所含木质素软化，起到黏结作用。

模具温度采用电阻丝来控制，应先预热后开机，也有一种不需预热就可直接开机的。例如用螺旋挤压式成型机时，只要动力设计得足够大，锥角口比较大，就可以产生较大的摩擦力，产生的摩擦热完全

螺旋挤压式成型机

可以供成型使用。但这样不但增大了动力消耗，而且增大了螺旋头和模具磨损，一般平均30～50小时就要更换螺旋头。

7. 黏结剂

加入添加剂有两种目的：一是增加压块的热值,同时增加黏结力,例如加入10%～20%的煤粉或炭粉，就可以达到目的，但加入时一定注意均匀度，防止因相对密度不同造成不均匀聚结；二是只增加黏结力，减少动力输入，这要求生物质颗粒要小，便于黏结剂均匀接触。一般都在预压前的输送过程中加入，便于搅拌。

8. 保型

保型是在生物质成型以后才可以进行，进行保型的套筒内径，须略大于压缩成型的最小部位的直径，这样是为了使已成型的生物质消除部分应力。形状只有在温度降低以后才可固定下来。保型筒的端口是为了调整保型筒的保型能力而设的，如果成型筒直径远小于保型筒过多，生物质会迅速膨胀，导致出现裂纹；反之，如果过小，应力得不到消除，

出口后还会因温度突然下降，发生崩裂或粉碎。

四 生物质成型设备

成型过程是利用成型机完成的，目前国内外使用的成型机有三大类，即螺旋挤压式、活塞冲压式和压辊式。而国内生产的生物质成型机一般为螺旋挤压式，生产能力多在100～200千克/小时，电机功率7.5～1千瓦，加热功率2～4千瓦，生产的成型燃料多为棒状。

棒状燃料的生产

1. 螺旋挤压式成型机

被粉碎的生物质连续不断地送入压缩成型筒后，转动的螺旋推进器也不断地将原料推向锥形成型筒的前端，挤压成型后送入保型筒，因此生产过程是连续的，质量比较均匀。产品的外表面在挤压中被炭化，这种炭化层容易点燃，且易防止周围空气中水分的侵入；这种形式易于产品打中心孔，送入炉子后空气可从中心孔中流通，有助于完全燃烧、快速燃烧；螺旋挤压式成型机的设计比较简单，重量也较轻，运行平稳，但是动力消耗较大，单位产品能耗较高，也容易受原材料和灰尘的污染。

2. 活塞冲压式成型机

原料经过粉碎以后，通过机械或风力形式送入预压室，当活塞后退时，预压块送入压缩筒，活塞前进时把原材料压紧成型，然后送入保型筒。活塞的往复驱动力有三种形式，即"油压"、"水压"、"机械"。油压设计比较成熟，运行平稳，油温便于控制，驱动力大；水压式，体积大、投资多、驱动力小，生产能力低；机械式生产能力大，生产的产品密度比水压式要大得多，但震动大、噪声大，没有油压式平稳，工作人员易疲劳。这三种形式相比，机械式推广较多，近几年液压式（主要是油压式）也在发展。

活塞冲压式成型机的缺点是：间断冲击，有不平衡现象，产品不

活塞冲压式成型机

适宜炭化，虽允许生物质含水分量有一定变化幅度，但质量也有高低的反复。

3. 压辊式成型机

由压辊和压模组成的压辊式成型机，当其进行运转时，作为基本工作部分的压辊就会绕轴转动。压辊的外圈加工齿或槽在机器运转时，将原料紧紧压住，防止打滑。原料进入压辊和压模之间时，原料在压辊运转下被压入成型孔内，当原料从成型孔压出时，原料的形状就变成圆柱形或棱柱形，最后用切刀切成颗粒状成型燃料。压辊式成型机生产颗粒成型燃料一般不需要

外部加热，依靠物料挤压成型时所产生的摩擦热即可使物料软化和黏合。若原料木质素含量低，黏结力小，可添加少量黏结剂。压辊式成型机对原料的含水率要求较宽，一般在 10% ~ 40% 之间均能成型。

实践证明，生物质成型燃料热性能优于木材，与中质混煤相当，而且燃烧特性明显改善，点火容易，火力持久，黑烟少，炉膛温度高，便于运输和储存，使用方便、卫生，是清洁能源，有利于环保。可作为生物质气化炉、高效燃烧炉和小型锅炉的燃料。

生物质成型燃料

第三节 SHENGWUZHI XINGMEI

生物质型煤

　　在未来相当长的时间里，我国仍将是煤炭主要的生产和消费国。随着开采机械化程度的提高，我国所产煤炭中的粉煤含量逐年增加，如何有效合理地利用粉煤，对提高煤炭燃烧效率、节约能源、治理煤烟型大气污染具有十分重要的意义。针对我国现阶段的能源现状和我国未来能源结构政策，如果将可再生能源的生物质与传统的一次能源煤巧妙地结合在一起，就可以为生物质能大规模工业化利用提供可能的有效途径，因此生物质型煤应运而生。型煤是合理利用粉煤资源的有效途径之一，其生产工艺简单、成本低，很适合我国的基本国情，是实现能源可持续发展的有效措施。

一　什么是生物质型煤

　　生物质型煤是在高压力下压制成的一种新型煤，将煤和可燃生物质破碎成一定粒度和干燥到一定程度，再按一定比例进行掺混，加入少量的固硫剂而制成的。有一种使煤清洁燃烧的燃烧方式，就是生物质型煤的层状燃烧。发展生物质煤也是非常有必要的：一些难着火、难燃尽、高污染的煤可得到有效利用，如无烟粉煤、高硫煤、煤泥等，因为常规型煤要想解决其着火、污染、充分燃尽和长途运输等问题，是比较困难的；燃煤粉尘含量的排放也可减到最低，使燃煤不冒黑烟、少排有害烟气，非常有利于环保；还可以将工农业可燃废物变废为宝，

生物质型煤

如有效利用大量稻壳、锯末、树枝叶、某些工业废物等，非常有利于燃尽灰的综合利用。

生物质型煤的燃烧特点如下：

（1）生物质型煤作为高强度型煤，是由高压制成的，结构组织非常紧密，燃烧时的热膨胀也比较小，在燃烧时不会自动破碎，极少有飞灰产生。

（2）生物质型煤的燃烧方式，可采用静态渗透式的扩散燃烧方式，燃烧过程中一直围绕着成型煤球的内部、表面及周围空间进行渐变燃烧，而且空间部分又主要是一氧化碳进行燃烧，以渐变燃烧来取代突变燃烧，烟尘产生很少，不冒黑烟。

（3）生物质型煤具有扩散燃烧的特征，这就决定了应该将燃烧温度控制在850℃～950℃之间，在这个低温燃烧区域，氮氧化物的产生量很少。

（4）生物质型煤还具有高效的

固硫性能。其原因主要分为六个方面：第一，添加的固硫剂能够比较均匀地分布在燃料中；第二，由于生物质型煤结构组织的高强度，使得燃烧产物能够长时间地停留在球内，逐渐向外扩散，而且燃烧后有微孔组织的结构特性，使得硫氧化物与固硫剂接触的时间变长；第三，向球内扩散的氧气浓度很低，直接限制了一部分硫氧化物的生成；第四，在燃烧过程中，一系列的反应生成的主要是硫酸钙，硫酸钙分解很少；第五，生物质本身含有对二氧化硫较强吸附能力的木质素和腐

生物质型煤

贴士

固硫是为了降低燃料燃烧时向大气排放的二氧化硫，进一步可以防止酸雨的发生，现在的固硫技术多针对于煤燃烧，工业上多将生石灰和硫煤混合使用，在燃烧中形成硫化钙已达到固硫的目的。

殖酸，既延缓了二氧化硫的析出速度，又增加了反应表面；第六，是生物质型煤燃烧中形成的灰壳中含有碱金属与碱土金属的化合物，它们也能起到一定的固硫作用。

二 生物质型煤的生产

成型过程是生产生物质型煤的关键步骤之一，即将松散的型煤各原料在成型机内直接在高压下压制成型煤。由于生物质型煤成型过程不加黏结剂，所以要求成型压力一般在10兆帕以上。生物质型煤成型后，通过进一步筛选，将少量次品和夹带的粉状物料返回料斗重新加工成型，合格型煤作为下一步燃烧试验的原料。

在生产生物质型煤时，可分为热压成型和冷压成型两种。生物质型煤的成型机理，从冷压成型的角度而言，纤维素、半纤维和木质素是生物质的主要成分，是高分子化合物的一种。从有机化学结构与化学键合作用原理来说，这些物质和煤之间有一化学键合作用的存在，具有一定的黏结性，在型煤成型过程中，较长的生物质纤维形成了一

个网状骨架，纤维长度不断增大，生物质之间的交联作用也在不断增大，型煤的成型作用力提高了，自然型煤的强度就会增大，但这一切需要将粒度控制在一定的范围内。从煤化学理论和近代化学键价理论角度讲，煤成型的主要作用力主要来自分子的作用力和氢键的作用力。在制备型煤过程中，成型压力约大，物料颗粒间距就越小，分子之间的作用力和氢键的作用力增强，型煤的强度也随之提高。一般而言，型煤的强度取决于化学键作用力的大小，还取决于取决于型煤本身能否形成一个有序的层状排列的网状骨架结构。当添加一定比例范围的生物质时，这一网状的骨架结构随着成型压力的增大而更加牢固。因此，

各种形制的生物质型煤

生物质型煤成型过程只要保证足够的压力，在不加任何黏结剂的情况下也可以压制出高强度的型煤。型煤制备时，固硫剂和添加剂可根据型煤成分的要求来适当加入。

三　生物质型煤的特点

生物质型煤不仅节约了原煤，在一定程度上解决了能源紧缺问题，而且将生物质变废为宝，变害为利。更重要的是生物质和原煤可以互相取长补短，带来显著的经济和社会效益，其优点包括：

1. 低污染，环保

生物质型煤燃烧时飞灰极少，燃烧充分，不冒黑烟，燃尽度高，灰渣中几乎不含未燃物；能有效降低二氧化碳排放，燃烧中硫的氧化物和氮氧化物排放量也大为减少；通过煤与生物质共燃，可以大大降低燃料中碱金属所占的比例，从而可以缓解由于生物质高碱金属含量带来的熔渣和灰污问题。

2. 改善了着火特性

生物质和原煤合理搭配，充分发挥生物质和原煤各自的优势，可

着火性好的生物质型燃料

以有效地改善原煤的燃烧特性，达到"取长补短"的功效。型煤中由于掺杂了燃点较低的生物质，挥发分远高于原煤，着火性比煤好，着火点低，大大缩短了火力启动时间，不会造成灭火，有利于改善型煤着火性能。

3. 提高了经济性

我国生物质资源丰富，价格低廉。用生物质代替煤，降低了原材料的成本。由于燃烧充分，燃尽度高，因而降低了不完全燃烧所造成的浪费。利用生物质纤维的网络连接作用，可以显著提高生物质型煤的强度，从而省去黏结剂的使用，也没有后续烘干工序，因此能大大降低加工成本。生物质型煤挥发分高，使不能用于工业燃烧而民用市场又日益减少的低挥发分煤种得到有效利用。

工业锅炉

4. 配套工艺和设备齐全

生物质型煤的成型机理、成型工艺国内外已经有了一定的研究经验可供借鉴。我国拥有充裕的型煤成型和燃烧设备，努力使生物质型煤各方面的性能指标符合设备需求，这样发展生物质型煤的软硬件就都很充分，而且更好地利用了现有设备资源及技术。

5. 市场需求量大

我国目前有 40 万～50 万台工业锅炉，每年需燃用原煤 4 亿吨。这些锅炉 90% 以上属于层燃式，需燃用块状燃料，但由于机采程度的不断提高，块煤率越来越低。因此，生物质型煤具有广阔的市场前景。

6. 可实现集中生产

较大的成型压力使煤粒、生物质和黏结剂之间结构紧密，孔隙度低，因此生物质型煤的机械强度高于一般型煤。生物质型煤强度高，可实现集中方式大量生产型煤，再分别运送到各个工业锅炉及民用锅炉用户使用，从而不必再搞分散的小规模炉前成型。